日本産品を世界へ！

よくわかる食品輸出

―2030年までに農林水産物・食品輸出5兆円を目指して―

伊藤 優志、難波 良多、原田 誠也 著

日本食糧新聞社

刊行にあたり

本書は、農林水産物·食品の輸出拡大に関する対外説明の資料を参考にしながら、冊子にまとめたものです。

2022年の輸出額は、過去最高の1兆4,148億円となり、2023年も好調に推移しています。多くの国・地域でコロナによる落ち込みから外食向けが回復したこと、小売店向けやEC販売などが引き続き堅調なことに加えて、円安による海外市場での競争環境の改善もプラスとなり、多くの品目で輸出額が伸びました。

この農林水産物・食品の輸出は、農林水産業や食品産業の生産基盤の維持・強化に不可欠で食料安全保障の確保にも資するものとして、政府では、2025年2兆円、2030年5兆円の目標を設定し、政府一体となって積極的に輸出拡大の取組を進めています。

最近では、常に現場目線で、輸出拡大のための体制や仕組み創り、各種の補助事業、融資事業、税制特例措置など輸出に携わる事業者向けの支援措置も充実させてきています。

しかしながら、これらの対応は、実際に、事業者の方々の活用があってこそ初めて生きてくるものであるため、現在、周知のための対外的な情報発信に力を入れています。本書も、その一環としてまとめたものであり、輸出に関係する方々に気軽に手に取ってもらえるように、分かりやすい内容とすることを心掛けました。

私は、2015年から2019年までの間、中国北京で勤務しました。赴任当初は、寿司や刺身の生ものに抵抗のある人が多くおり、食事時に確認していましたが、帰国時には確認する必要が無くなるなど劇的に日本食が浸透していくのを肌身で感じました。実際、中国国内では毎年、日本食レストランが1万店舗近く増加し、2021年には6万店舗以上となっています。

また、コロナ後、欧米を中心に、納豆を始めとした発酵食品が健康食品として注目を集めていますが、最近、私自身も、出張で訪れたスイスの小売店で、現地の人が大根一本を黄色く漬け込んだ沢庵を買っていく姿を目の当たりにしました。

さらには、インバウンドがようやく戻りつつありますが、訪日外国人観光客が訪日前に期待していることのトップは、日本食を食べることです。

このような日本産品や日本食への追い風を効果的に活かしながら、成長する海外市場への販路拡大を図り、コストに見合う利益を得ることを通じて、地域の雇用と経済にも大きく関わる農林水産業及び食品産業の魅力が増加することにつなげ、経営資源も蓄積されるという好循環を生み出したいと考えています。

他国産との競争が厳しい、日本と異なる食品添加物・農薬基準への対応が求められるといったように、必ずしも海外市場が全てブルーオーシャンというわけでありませんが、国内市場のみを視野に入れていては、やがてジリ貧になるのは論を待ちません。また、海外市場を視野に入れる際には、国内の余剰品を輸出するという考えを転換し、海外市場が求めるものを作る、いわゆるマーケットインの発想が求められています。この意識を事業者、生産地と共有していきたいと思っています。

なお、私自身も、世界のトヨタの基礎を作った豊田佐吉翁が海外へ進出を図る際に発した「障子を開けてみよ、外は広いぞ」（障子を開くことで今まで見えなかった新しい世界が広がり可能性を開くことができることの意）を自分の行動の礎に置いているところです。

本書では、①国内市場の縮小と海外市場の拡大の見通し、農林水産物・食品の輸出拡大の効果など輸出をめぐる状況、②輸出促進法の制定、実行戦略など政府の輸出促進政策、③昨年 10 月に施行した改正輸出促進法の概要及び詳細内容について説明を行っています。まずは、目次を御覧いただき、興味を持たれた事項から目を通していただければと思います。

本書を通じて、食産業の海外展開を含む農林水産物・食品の輸出に関する全体像が把握できると思いますので、我がこととして輸出を身近に感じていただき実際に輸出にチャレンジしてみようと思われる方が増加すること、既に輸出に取り組まれている方にとって拡大の一助となることを執筆者一同願っています。

最後に、刊行を後押しし御尽力をいただいた株式会社日本食糧新聞社各位にお礼を申し上げます。

2023 年 5 月

伊藤優志

目次

本書は、筆者が公開されている情報とこれまでの経験を基に個人としてまとめたものであり、農林水産省をはじめ行政としての見解でないことをお断りします。

第1章

輸出をめぐる状況

1-1 国内外の需要の変化

国内市場の縮小

国内の需要の変化

日本国内については、現在進行中の人口減少や高齢化が今後も継続することに伴い、日本全体の「胃袋」が小さくなるため、今後、日本国内の飲食料の需要は減少する方向であり、その市場規模も縮小していくことが確実視されている。

この市場規模の縮小が、日本の農林水産業及び食品産業に大きな影響を与えることは避けられない情勢である。

国内	1990年	2020年		2050年
人口	1億2,361万人	1億2,586万人	▲20%	1億190万人
高齢化率（65歳以上の割合）	12.1%	28.7%		37.7%
飲食料のマーケット規模	72兆円	84兆円（2015年）		人口減少、高齢化に伴い、国内の市場規模は縮小
農業総算出額	11.5兆円	8.9兆円		

資料：国立社会保障・人口問題研究所「日本の将来推計人口（平成29年推計）」、農林水産省「農林漁業及び関連産業を中心とした産業連関表（飲食費のフローを含む。）」「生産農業所得統計」

今後の人口減少の進行と加工食品の支出割合の増加による1人当たり食料支出の伸びを相殺したところ、食料支出総額は当面はほぼ横ばい、長期的には縮小していく見込みである。

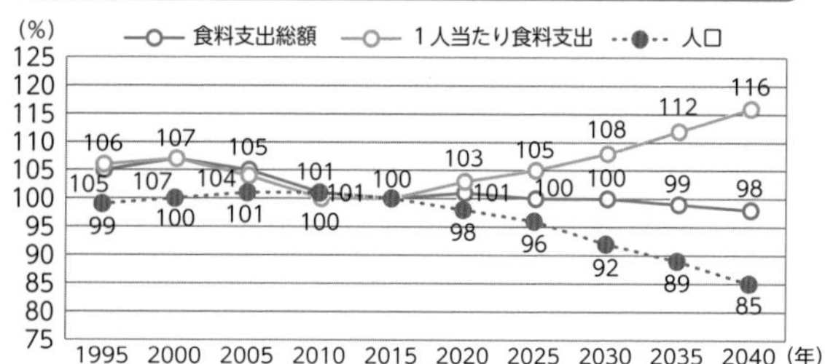

資料：農林水産政策研究所「我が国の食料消費の将来推計（2019年版）」
注　：2015年までは家計調査、全国消費実態調査等より計算した実績値で、20年以降は推計値。2015年価格による実績値。

国内市場の縮小と生産量

① 果　物

価格が上昇している中、地域の人材や担い手不足などで新規投資が行われず生産量が減少している。

② コメや生乳（チーズを除く）

人口減少などを背景に、需要量が長期的に減少傾向にある一方で、需要に応じた生産・供給や、生産構造の転換が十分に進まない中、海外を含めた新たな販路開拓も需要減少に追いつかず、生産･供給が需要を上回り、在庫が発生する傾向である。

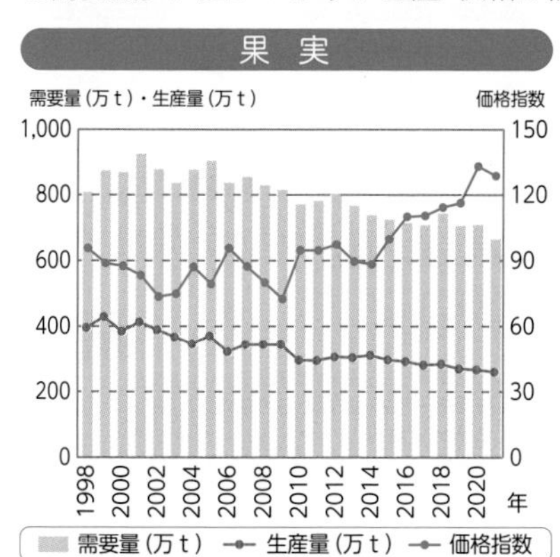

資料：農林水産省「食料需給表」、「農業物価統計調査」（農産物品目別年次別価格指数）
注　：指数については 2015 年を 100 とした指数。

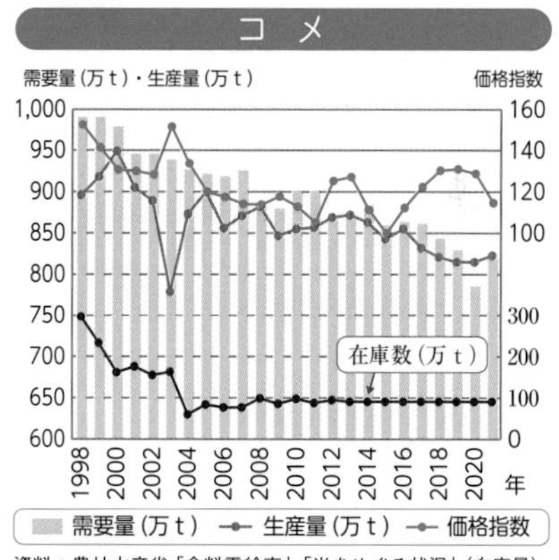

資料：農林水産省「食料需給表」、「米をめぐる状況」（在庫量）、農業物価統計調査」（農産物品目別年次別価格指数）
注　：指数については 2015 年を 100 とした指数。

資料：生産量は「生産出荷統計」、価格は産出額（「生産農業所得統計」）を生産量で割った値
注　：生産量、価格ともに、数値を 2010 年を 100 とする指数に変換してグラフ上に表している。

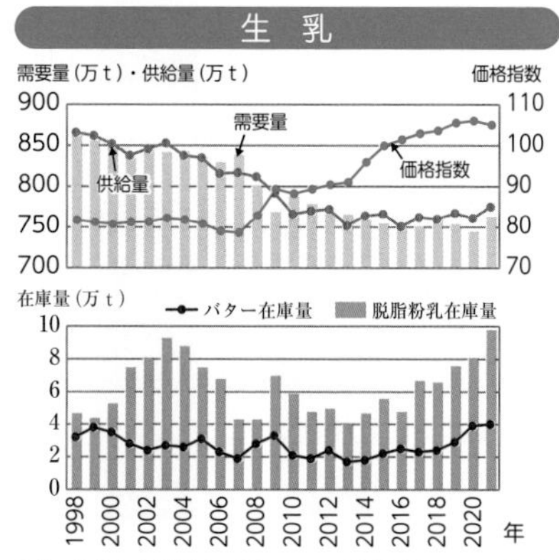

資料：農林水産省「畜産・酪農をめぐる情勢」（輸入チーズ除く）、「農業物価統計調査」（農産物品目別年次別価格指数）
注　：指数については 2015 年を 100 とした指数。

1-2 国内外の需要の変化

海外市場の拡大

世界の需要の変化

海外については、人口の増加に伴い、飲食料の需要は拡大する方向である。農林水産業及び食品産業の生産基盤を維持･強化し、農林水産物・食品の輸出促進や食品製造業の海外展開を推進して、成長する世界の飲食料市場を取り込むことが重要である。

資料：国際連合「世界人口予測・2017年改訂版」、農林水産政策研究所「世界の飲食料市場規模の推計」、FAO「世界農産物市場白書（SOCO）：2020年報告」

世界の需要の変化

世界	1990年	2020年		2050年
人口	53億人	78億人	+30%	98億人
飲食料のマーケット規模（主要国）	−	890兆円（2015年）	→	1,360兆円（2030年）
農産物貿易額	4,400億ドル（約42兆円）（1995年）	1兆5,000億ドル（約166兆円）（2018年）		

世界の農産物マーケットは拡大の可能性
- 日本の農林水産業GDP（2019年）世界8位
- 日本の農産物輸出額（2019年）世界50位

世界の飲食料市場規模

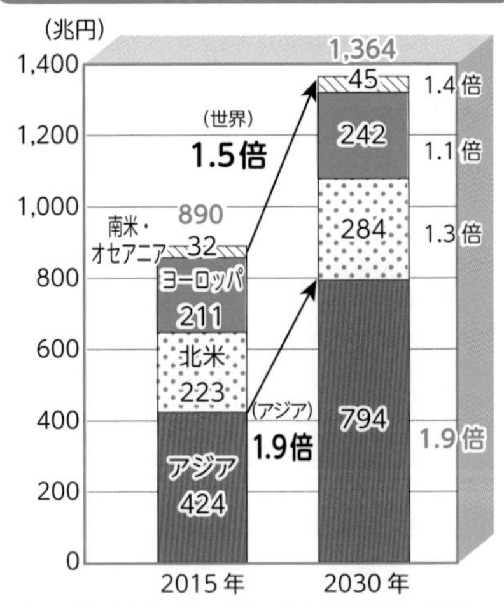

資料：農林水産政策研究所「世界の飲食料市場規模の推計」

2030年の34カ国・地域の飲食料市場の規模は、2015年の約1.5倍（1,364兆円）になると推計されている。特に、アジア地域が約1.9倍（794兆円）と、拡大が著しい。

国別・部門別の飲食料市場規模

	2015年（兆円）				2030年（兆円）				伸び（倍）			
	生鮮品	加工品	外食	合計	生鮮品	加工品	外食	合計	生鮮品	加工品	外食	合計
アジア	221	146	57	424	409	292	93	794	1.8	2.0	1.6	1.9
中国	137	95	33	265	243	204	52	499	1.8	2.2	1.6	1.9
インド	36	8	4	48	80	19	4	104	2.2	2.4	1.1	2.2
インドネシア	13	6	3	22	32	10	6	48	2.4	1.6	2.0	2.1
その他アジア	35	37	18	89	54	59	30	143	1.5	1.6	1.7	1.6
北米	47	93	83	223	55	105	125	284	1.2	1.1	1.5	1.3
アメリカ	37	72	76	186	41	80	118	239	1.1	1.1	1.5	1.3
その他北米	10	21	7	38	14	24	7	45	1.4	1.2	1.1	1.2
ヨーロッパ	53	97	60	211	62	105	75	242	1.2	1.1	1.2	1.1
南米・オセアニア	12	12	9	32	15	16	14	45	1.3	1.3	1.5	1.4
34カ国・地域計	333	348	210	890	541	518	306	1,364	1.6	1.5	1.5	1.5

資料：農林水産政策研究所「世界の飲食料市場規模の推計」

各国の１人当たりＧＤＰ（国内総生産）のこれまで及び今後の推移を見ると、人口の多い国や新興国が経済成長により順位を上げ、日本より上位の国が増加し、日本産農林水産物・食品を受け入れやすい所得層が確実に増加している。

各年における１人当たり GDP が日本より上位の国

1998年

	国名	GDP（ドル）
1	サウジアラビア	40,036
2	アメリカ	32,834
3	オランダ	29,936
4	ドイツ	27,083
5	イタリア	26,712
6	オーストラリア	26,555
7	カナダ	26,532
8	ベルギー	26,258
9	**日　本**	**25,903**

2020年

	国名	GDP（ドル）
1	アメリカ	63,078
2	オランダ	57,665
3	台　湾	56,038
4	ドイツ	54,551
5	スウェーデン	54,396
6	オーストラリア	51,777
7	ベルギー	51,722
8	カナダ	48,947
9	サウジアラビア	46,512
10	フランス	46,213
11	イギリス	45,329
12	韓　国	44,750
13	**日　本**	**42,154**

2027年（推計）

	国名	GDP（ドル）
1	アラブ首長国連邦	98,317
2	アメリカ	90,628
3	台　湾	86,186
4	オランダ	82,229
5	ドイツ	76,687
6	スウェーデン	75,460
7	オーストラリア	73,548
8	ベルギー	72,104
9	韓　国	67,677
10	カナダ	67,544
11	フランス	66,450
12	イギリス	65,919
13	サウジアラビア	64,797
14	チェコ	62,130
15	イタリア	59,571
16	**日　本**	**58,682**

資料：１人当たり GDP（購買力平価ベース）は IMF「World Economic Outlook Database」GDP per capita、current prices (Purchasing power parity; international dollars per capita)、人口は UN「World Population Prospects : The 2019 Revision」

注　：人口 1,000 万人以上、GDP 上位 60 カ国の国を対象に作成。2027 年のデータは IMF 及び UN による推計。

1-3 国内外の需要の変化

輸出競争に出遅れた日本

世界の主要国の農産物の輸出入状況

世界の主要国の農産物輸出入状況を見ると、日本は他国と比べて圧倒的に輸出入のバランスが取れておらず、輸出額（59 億米ドル）が輸入額（569 億米ドル）の約 10 分の 1 しかない。また、この結果、農産物純輸入額が 510 億ドルと巨額になっている。

主要国の農産物の輸出入状況

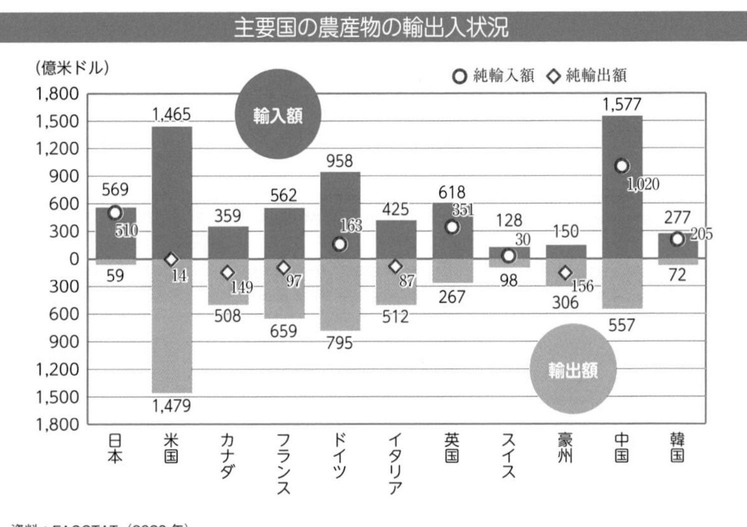

資料：FAOSTAT（2020 年）
注　：中国は、香港、マカオ及び台湾を除く。

1970 年代の農産物過剰時代以降、諸外国は農産物の輸出拡大に取り組み、実績を大きく上げてきた。一方で、日本の農産物の輸出は、他国の大幅な拡大と比較してこれまで停滞してきた。

主要先進国の農産物輸出額の推移

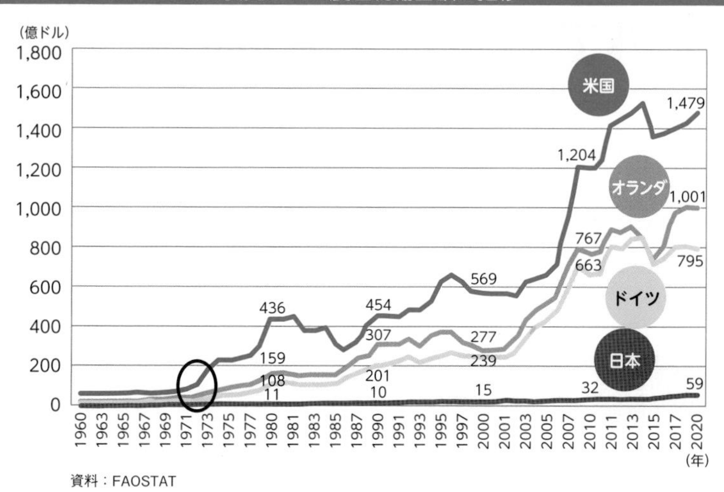

資料：FAOSTAT

この結果、農産物・食品の国内生産額に占める輸出額の割合は、主要先進国が軒並み10%を超えている中で、わずか２%の水準となっており、日本は国内市場に依存するまれな国と言える。

主要先進国の主要農産物・食品の輸出割合（2019）

（億ドル）	アメリカ	フランス	イタリア	イギリス	オランダ	日　本
生産額（農産物・食品製造業〈含水産業〉・木材産業）	12,489	2,590	2,040	1,358	901	4,348
輸出額（農産物・食品製造業〈含水産業〉・木材産業）	1,424	668	494	288	781	69
輸出割合	11%	26%	24%	21%	87%	**2%**

資料：FAOSTAT（生産額、輸出額：主要農産物）、UNIDO（国際連合工業開発機関）ISIC Revision3（生産額、輸出額：食品製造業〈含水産業〉・木材産業）
注　：FAOSTATの輸出額は生産額の対象品目と同一とした。UNIDOはISIC Revision3の「15」「16」「20」で計算。FAOSTATとUNIDOの重なる品目がないように調整（生乳など）。

1-4 国内外の需要の変化

海外での日本食人気の高まり

2013年の「和食」のユネスコ無形文化遺産登録を契機として、海外では「和食」に対する関心が高まっている。実際に、コロナ禍前に3,188万人（2019年）を数えた訪日外国人が、訪日時に期待し次回も行いたいとしたことの1位は、日本食を食べることであり、また、主要6カ国で聞いた好きな外国料理で日本料理が1位となった。

日本食ブーム

◆訪日外国人観光客が
「訪日前に期待していたこと」
（全国籍・地域、複数回答）
1位「日本食を食べること」(69.7%)

◆訪日外国人観光客が
「今回の日本滞在中にしたこと」
1位「日本食を食べること」(96.6%)

「次回日本を訪れた際にしたいこと」
1位「日本食を食べること」(57.6%)

資料：観光庁「訪日外国人消費動向調査」2019年年次報告

◆地方の多様な食への期待
外国人が訪日旅行で体験したいことは、
「自然や風景の見物」(65%)、
「桜の観賞」(64%)に次いで、
「伝統的日本料理」(57%)

資料：㈱日本政策投資銀行・(公財)日本交通公社「アジア・欧米豪 訪日外国人旅行者の意向調査」2021年度版

好きな外国料理の1位は「日本料理」

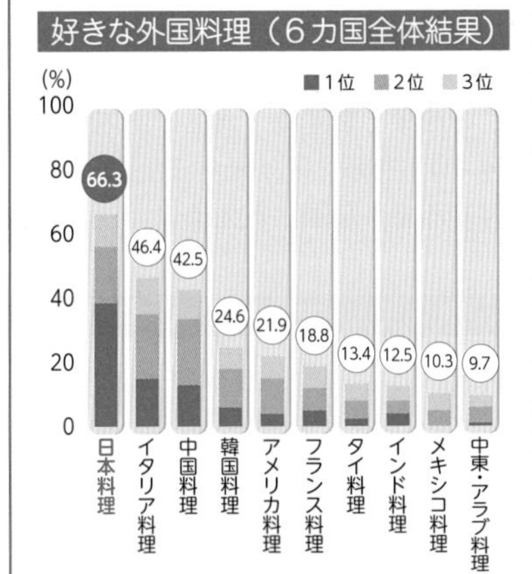

資料：ジェトロ「日本食品に対する海外消費者意識アンケート調査」(2014年3月)、日本貿易振興機構調査（2014年3月）
注　：複数回答可、回答者数に対する回答個数の割合。(自国の料理は選択肢から除外)

2021年の海外における日本食レストラン数は約15.9万店。13年に「和食」がユネスコ無形文化遺産に登録されたときには約5.5万店だったが、15年約8.9万店、17年約11.8万店、19年約15.6万店と、2年ごとの調査において大幅に増加してきた。21年についても、コロナ禍での厳しい経営環境においても19年から微増した。

日本食レストランの店舗数（2021年）

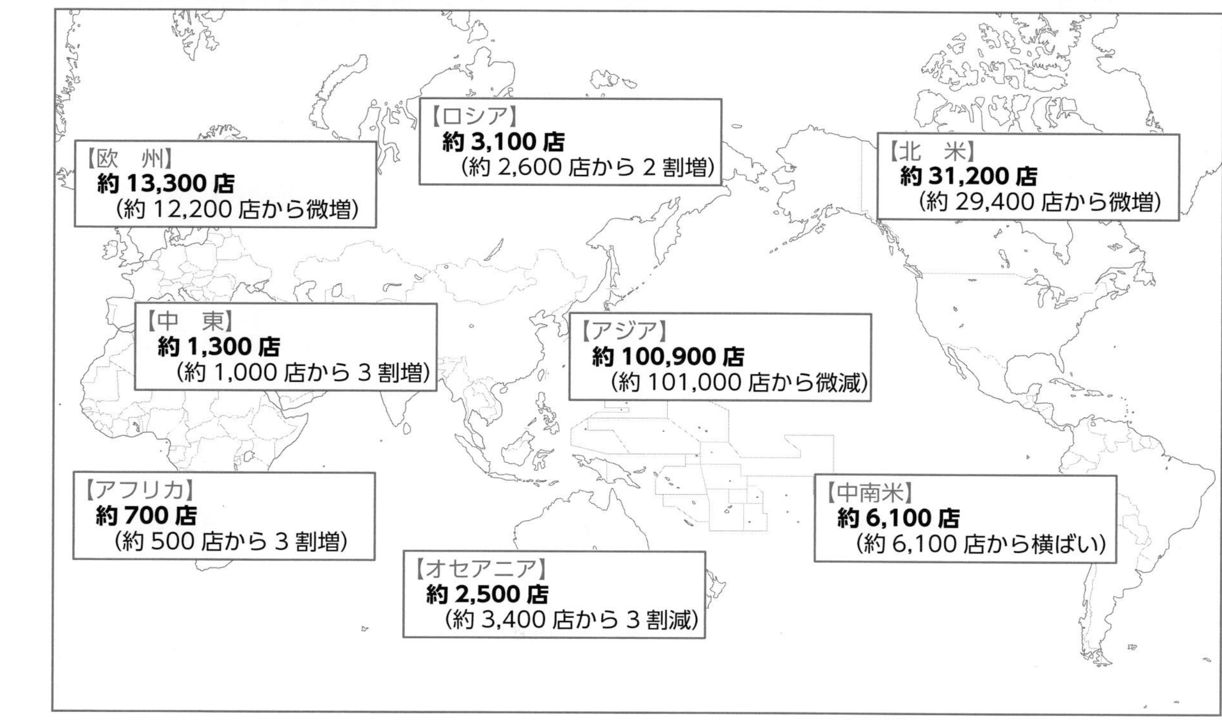

資料：農林水産省（外務省調べにより、農林水産省において推計）
注　：2021 年 7 月調査時点 159,046 店、() 内は 2019 年との比較。

2-1 輸出実績と効果

農林水産物・食品の輸出実績

農林水産物・食品の輸出額は、東日本大震災後の 2012 年から 22 年まで 10 年連続で過去最高額を更新し、22 年の輸出額は 1 兆 4,148 億円を記録。日本政府が政府一体で進めてきた輸出拡大の取組（輸出支援プラットフォームの設立、水産加工施設等の整備など）も輸出を後押しした。

関係者からの聴き取りによる 〔輸出増の要因〕

- 多くの国・地域で、外食向けがコロナによる落込みから回復した
- 小売店向けや EC 販売等の販路への販売が引き続き堅調だった
- 円安による海外市場での競争環境の改善も追い風となり、農産物、林産物、水産物共に多くの品目で輸出額が伸びた

品目別の輸出額では、水産物は中国及び米国向け、アルコール飲料は中国向け、青果物は香港及び台湾向け、牛乳・乳製品はベトナム向けの伸びが大きい。

農林水産物・食品の輸出額の推移

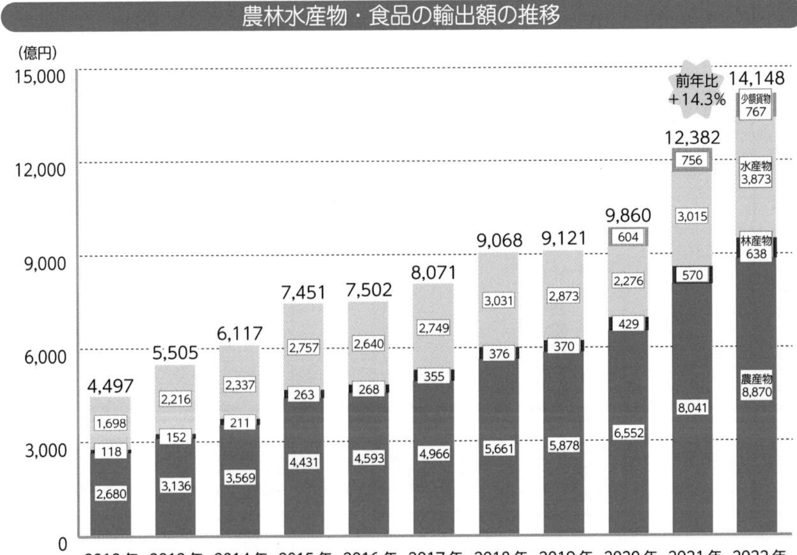

資料：財務省「貿易統計」を基に農林水産省作成

農林水産物・食品輸出上位20品目の動き（2012年→2022年）

2012年実績　（億円）

順位	上位20品目	金額	割合
1	たばこ	249	5.5%
2	アルコール飲料	207	4.6%
	うち日本酒	89	2.0%
3	ソース混合調味料	195	4.3%
4	ホタテ貝	189	4.2%
5	真珠（天然・養殖）	165	3.7%
6	かつお・まぐろ類	137	3.0%
7	清涼飲料水	121	2.7%
8	豚の皮（原皮）	97	2.2%
9	菓子（米菓を除く）	94	2.1%
10	播種用の種等	94	2.1%
11	さば	92	2.0%
12	植木等	82	1.8%
13	ぶり	77	1.7%
14	配合調製飼料	63	1.4%
15	さけ・ます	61	1.4%
16	小麦粉	59	1.3%
17	練り製品	51	1.1%
18	牛肉	51	1.1%
19	緑茶	51	1.1%
20	スープ ブロス	47	1.0%
上位20品目合計		2,180	48.5%
農林水産物・食品合計		4,497	100.0%
圏外	りんご	33	0.7%
	いわし	15	0.3%
	丸太	14	0.3%
	粉乳	12	0.3%
	合板	3	0.1%

2022年実績　（億円）

順位	上位20品目	金額	割合	2012年対比
1	アルコール飲料	1,392	9.8%	674%
	うち日本酒	475	3.4%	531%
2	ホタテ貝	911	6.4%	482%
3	牛肉	520	3.7%	1,027%
4	ソース混合調味料	484	3.4%	248%
5	清涼飲料水	482	3.4%	399%
6	ぶり	363	2.6%	469%
7	菓子（米菓を除く）	280	2.0%	298%
8	真珠（天然・養殖）	238	1.7%	144%
9	緑茶	219	1.5%	433%
10	丸太	206	1.5%	1,464%
11	粉乳	200	1.4%	1,723%
12	さば	188	1.3%	204%
13	りんご	187	1.3%	565%
14	かつお・まぐろ類	178	1.3%	130%
15	スープ ブロス	134	0.9%	286%
16	小麦粉	129	0.9%	219%
17	たばこ	127	0.9%	51%
18	練り製品	123	0.9%	241%
19	いわし	116	0.8%	795%
20	合板	111	0.8%	3,292%
上位20品目合計		6,586	46.6%	302%
農林水産物・食品合計		14,148	100.0%	315%
圏外	播種用の種等	91	0.6%	98%
	配合調製飼料	83	0.6%	132%
	豚の皮（原皮）	73	0.5%	75%
	植木等	69	0.5%	85%
	さけ・ます	35	0.3%	58%

2022年の農林水産物・食品の輸出額

	品目・農産物	金額（百万円）	増加率（%）
農産物	**加工食品**	**505,167**	**9.9**
	アルコール飲料	139,224	21.4
	日本酒	47,492	18.2
	ウィスキー	56,078	21.5
	焼酎（泡盛を含む）	2,172	24.4
	ソース混合調味料	48,380	11.2
	清涼飲料水	48,215	18.8
	菓子（米菓を除く）	27,991	14.6
	醤　油	9,396	2.8
	米菓（あられ・せんべい）	5,503	▲2.4
	味　噌	5,077	14.1
	畜産品	**126,827**	**11.3**
	畜産物	96,820	8.6
	牛　肉	52,019	▲4.0
	牛乳・乳製品	31,926	30.9
	鶏　卵	8,546	42.4
	豚　肉	2,326	▲10.6
	鶏　肉	2,003	0.6
	穀物等	**62,696**	**12.2**
	米（援助米除く）	7,382	24.4
	野菜・果実等	**68,702**	**20.6**
	青果物	47,492	24.3
	りんご	18,703	15.4
	ぶどう	5,390	16.4
	いちご	5,242	29.1
	も　も	2,897	24.8
	かんしょ	2,789	12.6
	ながいも	2,690	16.3
	な　し	1,346	40.1
	かんきつ	1,272	15.5
	か　き	1,189	50.0

	品目・農産物	金額（百万円）	増加率（%）
農産物	**その他農産物**	**123,612**	**4.9**
	たばこ	12,710	▲12.7
	緑　茶	21,887	7.2
	花　き	9,143	7.5
	植木等	7,385	6.6
	切　花	1,514	12.7
林産物	**林産物**	**63,761**	**11.9**
	丸　太	20,559	▲2.4
	合　板	11,054	46.9
	製　材	9,191	▲5.8
	木製家具	6,893	26.6
水産物	**水産物（調製品除く）**	**300,448**	**28.7**
	ホタテ貝（生鮮・冷蔵・冷凍等）	91,052	42.4
	ぶ　り	36,256	32.7
	真珠（天然・養殖）	23,753	39.1
	さ　ば	18,802	▲14.6
	かつお・まぐろ類	17,845	▲12.6
	いわし	11,630	56.2
	た　い	7,475	48.3
	さけ・ます	6,675	88.5
	すけとうたら	3,061	53.3
	さんま	285	▲55.1
	水産調製品	**86,878**	**27.8**
	なまこ（調製）	18,405	18.6
	ホタテ貝（調製）	16,807	108.0
	練り製品	12,266	9.0
	貝柱調製品	3,914	▲34.4

資料：財務省「貿易統計」（2022年1～12月）を基に農林水産省作成

注　：「牛肉」「鶏卵」「豚肉」「鶏肉」「かんしょ」「かき」の金額はそれぞれの加工品を含む金額。「青果物」「かんしょ」「かき」の前年増加率は加工品を除く金額で算出。「ぶり」の金額はぶり（活）を含む金額。但し、前年増加率はぶり（活）を除く金額で算出。

2022 年の農林水産物・食品の輸出額（国・地域別）

順位	輸出先	輸出額（億円）	金額構成比（%）	前年増加率（%）	輸出額内訳（億円）		
					農産物	林産物	水産物
1	中　国	2,783	20.8	25.2	1,671	241	871
2	香　港	2,086	15.6	▲4.8	1,315	16	755
3	アメリカ	1,939	14.5	15.2	1,323	76	539
4	台　湾	1,489	11.1	19.6	1,102	41	346
5	ベトナム	724	5.4	23.8	500	9	216
6	韓　国	667	5.0	26.6	379	44	244
7	シンガポール	562	4.2	37.3	459	6	96
8	タ　イ	506	3.8	14.9	262	9	235
9	フィリピン	314	2.3	51.6	135	150	29
10	オーストラリア	292	2.2	27.1	250	3	39
ー	E　U	680	5.1	8.2	535	16	129

〔香港向け〕上半期を中心にコロナによる外食規制の影響を受けたことにより、前年比 -4.8%。

〔欧米向け〕下半期からインフレによる消費減退の影響を受けたものの、上半期が好調であったことにより、アメリカ向けは同 ＋ 15.2%、EU 向けは同 ＋ 8.2%。

輸出額の増加が大きい主な品目

品　目	増加額（増加率）	主な増加要因
ホタテ貝 (生鮮等)	+271 億円 (+42.4%)	米国の生産減少により、米国及び中国向けが増加したことに加え、国内主産地である北海道の生産も順調
ウィスキー	+99 億円 (+21.5%)	世界的な知名度向上により、従来の中国、米国といった輸出先に加えて、シンガポール、英国向けも拡大
青果物	+91 億円 (+24.3%)	香港、台湾を中心にりんごやいちご等の贈答用・家庭内需要等により輸出が増加
ぶ　り	+81 億円 (+32.7%)	回復した米国の外食需要に対して、冷凍ぶりフィレの輸出が増加
清涼飲料水	+76 億円 (+18.8%)	米国向けの茶飲料やサイダー等の加糖飲料の輸出が増加
牛乳・乳製品	+75 億円 (+30.9%)	ベトナムを中心としたアジアで粉ミルク、またアジアを中心にアイスクリームその他氷菓の輸出が増加
日本酒	+73 億円 (+18.2%)	小売店向けや EC 販売の増加等により、中国及び米国向けが増加
真　珠	+67 億円 (+39.1%)	従来取引の中心を担っていた展示会に代わり、業者間での直接取引が拡大

2-2 輸出実績と効果

農林水産物の輸出拡大の効果

食料自給率は日本の食料供給に対する国内生産の割合を示す指標であり、農林水産物・食品の輸出に取り組むことは国内生産の維持・拡大につながるため、食料自給率の向上に寄与する。また、輸出の取組を通じて、安定的で持続的に国内生産基盤が維持・拡大されることは、食料安全保障の観点からも重要であり、次のような効果も期待できる。

① **農林漁業者の所得向上**……国内価格より高い単価で販売するなどにより、農林漁業者の手取り向上が実現できる。

② **地域農業の維持・拡大**……海外での販路拡大を図ることで、生産面積の拡大や耕作放棄地の再生等が実現できる。

③ **国内では評価されにくい生産物の再評価**……国内の規格外品が輸出先国のニーズに合致し、収益性のある品目に改善できる。

④ **地域の活性化、雇用の創出**……輸出をきっかけとしたインバウンド需要の喚起やI・Uターン者等の就業の場の創出、年間安定雇用の実現など地域経済の振興、地域の食文化の維持ができる。

輸出割合の高い品目の事例

（生産量・輸出量：千ｔ、卸売価格・荒茶平均価格：円/kg、産出額：億円）
割合は単純に輸出量を生産量で除したもの。

りんご	2018	2019	2020	2021
生産量	756	702	763	662
輸出量	34.2	35.9	26.9	37.7
割　合	4.5%	5.1%	3.5%	5.7%
卸売価格	292	282	329	288

資料：生産量＝「果樹生産出荷統計」の収穫量
卸売価格＝青果物卸売市場調査報告

緑　茶	2018	2019	2020	2021
生産量	86	82	70	78
輸出量	5.1	5.1	5.3	6.2
割　合	5.9%	6.3%	7.6%	7.9%
荒茶平均価格	1,271	1,178	1,088	1,291

資料：生産量＝農林水産省「作物統計」、荒茶平均価格＝荒茶・普通せん茶（全茶平均価格）全国茶生産団体連合会調べ

ホタテ貝	2018	2019	2020	2021
生産量	479	484	495	521
輸出量	84.4	84	77.6	115.7
割　合	17.6%	17.4%	15.7%	22.2%
産出額	981	869	634	-

ぶ　り	2018	2019	2020	2021
生産量	238	245	239	227
輸出量	9	29.5	37.7	44.9
割　合	3.8%	12.0%	15.8%	19.8%
産出額	1,536	1,601	1,298	-

資料：生産量＝農林水産省「海面漁業生産統計調査」、産出額＝農林水産省「漁業産出額」

農林水産物の輸出取組事例

〔事例 1〕JA いわて中央（岩手県　りんご）
～輸出へのハードル緩和と農家手取りの向上を実現！～

輸出の状況

【主な輸出品目】りんご
【主な輸出先国・地域】アメリカ、カナダ、ベトナム、タイ、台湾、他

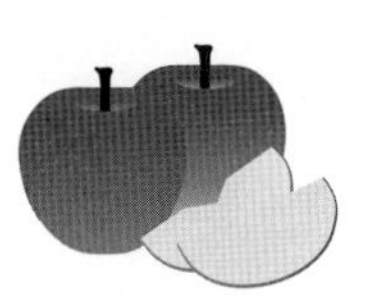

輸出の取組内容

○国内価格の低下を受け、国内よりも高単価での販売や生産者のモチベーション向上を目指し、2009 年から輸出を開始。
○専業農家や若手生産者が栽培を担い、管内全園地を対象にした統一防除体系を構築し、全ての農家が台湾向けの防除体制をクリア。
○現地消費者のアンケートや海外視察等を行うとともに、現地スーパーと密にコミュニケーションを取るなど現地ニーズの把握に取り組む。
○アメリカやカナダといった規制面での輸出難易度が高く、競争相手がいない国をターゲットに輸出。

輸出の実績・効果

輸出額は、この５年で約４倍増加した。

	輸出額	備　考
2016 年度	557 万円	ベトナム向け輸出開始
2018 年度	1,622 万円	カナダ向け輸出開始
2020 年度	1,952 万円	アメリカ向け輸出開始
2021 年度	2,143 万円	

輸出による農家手取りが向上し、生産者の意欲も向上！

【効果１】 輸出向けりんごを国内価格の 1.3 倍の単価で販売し、農家手取りが増加（JA 共選：198 円 /kg、輸出向け平均：253 円 /kg）
【効果２】 地域統一防除体系を構築し、生産者の輸出へのハードルを緩和
【効果３】 輸出先国において高評価を獲得し、生産者の栽培意欲が向上

〔事例２〕なめがたしおさい農業協同組合（茨城県　かんしょ）
～長期保存技術により、年間を通じた供給体制を確立！～

輸出の状況

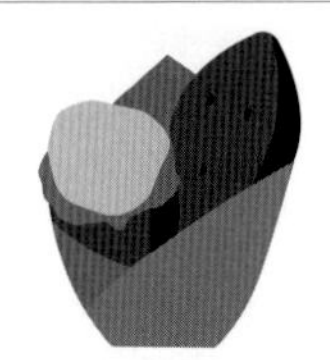

【主な輸出品目】かんしょ

【主な輸出先国・地域】カナダ、タイ、他

輸出の取組内容

○長期保存技術（キュアリング定温貯蔵庫※）を確立することと、特徴が異なる３品種（紅優甘・紅まさり・紅こがね）をリレー出荷することで、年間を通じた供給体制を構築。

○現地系輸入事業者等とは直接つながっており、定期的にWEB会議や綿密な情報交換を実施。「輸出先国等では焼き芋用としてのニーズが高い」といった情報を直接入手。

○カナダ、タイ、香港、シンガポール、EU等への輸出拡大に向け、美味しい食べ方のPRや小売店における焼き芋の試食販売等による認知拡大を図る取組を推進。

※キュアリングとは、収穫したいもを温度30～32℃、湿度90％以上のサウナ状態で90時間置き、傷ついた表皮にコルク層を形成し病原菌の侵入を防ぐ技術。茨城県ではダブルキュアリングの特許を取得。収穫→キュアリング→貯蔵→洗浄→選別→出荷調整→キュアリング→出荷の順で行う。

輸出の実績・効果

2021年度の輸出額は、19年度比約20倍超の伸びとなった。

	輸出額	備　考
2019年度	1,035万円	シンガポールへの輸出開始
2021年度	２億 9,278万円	タイ、香港、EUへの輸出

輸出額の伸びにより、生産者の意欲も向上！

【効果１】 輸出向けかんしょを**国内価格より高い単価で販売し、生産者の手取りを向上**（2019年度平均出荷単価：国内向け226円/kg、輸出向け293円/kg）

【効果２】 **若手後継者も増加**し、PR活動も積極的に実施

【効果３】 輸出先国において高評価を獲得し引き合いが強いことから、**生産者の栽培意欲が向上**

〔事例３〕㈲川口納豆（宮城県　納豆・乾燥納豆）
～乾燥納豆の強みを活かして、納豆の認知度向上へ～

輸出の状況

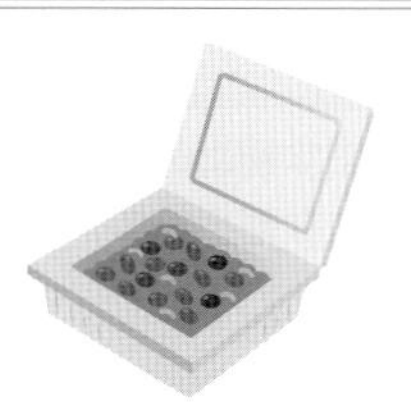

【主な輸出品目】納豆・乾燥納豆
【主な輸出先国・地域】アメリカ、香港、シンガポール、ポーランド、スウェーデン等

輸出の取組内容

○宮城県内で 70 年にわたって納豆を製造しており、北海道、青森、宮城、岩手などの国産大豆を原料として使用している。
○農林水産省の補助事業の海外商談を契機として香港のシティスーパーへの輸出を 15 年前から開始。当初は通常の糸を引く納豆を冷凍して輸出していたが、コストや食味の面で海外でも受け入れられやすい乾燥納豆に力を入れている。乾燥納豆は、常温流通で賞味期限が 12 カ月と長く、取り扱いが容易であることが強み。

輸出の実績・効果

多様なシーンで活用できる乾燥納豆に注力することで、順調に増加した。

	輸出額
2018 年度	100 万円
2019 年度	150 万円
2020 年度	180 万円

【効果１】　乾燥納豆の原料となる大豆について、 地元農家と契約栽培を結ぶことで、**農家の手取り向上に寄与**

【効果２】　乾燥納豆のサラダやパスタなど何にでもかけるだけで食べられる手軽さと、納豆特有のぬめりがないため納豆が苦手な方や馴染みのない方でも食べられるといった特徴を活かし、商品パッケージを見て、どのように食べれば良いかをイメージできるようにする等の工夫を行うことで、**納豆の認知度が向上**

〔事例４〕ヘンタ製茶㈲（鹿児島県　茶）
～輸出先国のニーズに合わせ、有機抹茶を海外へ！～

輸出の状況

【主な輸出品目】茶
【主な輸出先国・地域】アメリカ、台湾、フランス、オーストラリア、デンマーク、スイス

輸出の取組内容

○ 2014 年頃から、健康意識の高い層が多い欧米諸国のニーズに対応し、霧島山麓の標高 200－300m にある茶畑での栽培により有機栽培を開始。欧米と相互認証している有機 JAS 認証（農産物 14 年、加工食品 15 年）、ASIA－GAP の認証を取得。
○「環境に優しく美味しく安心の霧島茶を海外へ」をモットーに、15 年から輸出を開始。19 年にはアメリカ、台湾、シンガポール、香港、EU 等８カ国・地域に有機抹茶を約６ｔ輸出。
○ JETRO セミナーへの参加、茶園への招へいなど現地バイヤーとの連携強化により販路開拓。

輸出の実績・効果

2019 年後の２年後には 3.2 倍の輸出量となった。

	輸出量
2019 年	6.4 t
2020 年	14 t
2021 年	21 t

輸出先国のニーズに応じた産地形成を実施！

【効果１】 販路拡大による生産面積の拡大（10a から始まり、2020 年時点で 26ha まで拡大）
【効果２】 ASIA-GAP の認証の取得により、ヨーロッパの需要が増加。現地バイヤーとの連携により Amazon USA でヘンタ製茶の有機てん茶を原料とした抹茶商品が売上高・売上点数で全米 No.1

〔事例５〕アグベル㈱（山梨県　ぶどう）
～輸出により所得の向上、地域活性化を実現！～

輸出の状況

【主な輸出品目】ぶどう
【主な輸出先国・地域】台湾、タイ、他

輸出の取組内容

○全量を自社運営の選果場（民間輸出事業者の選果場は日本初）で選果・梱包することにより、最短ルートかつ手数料等の農家負担を減らして台湾等へ輸出。
○残留農薬基準値等が厳しい台湾やタイ向けについて、自社及び近隣農家ともに、基準値に合わせた栽培に努めるほか、自社選果場を使っている近隣農家への生産指導も実施。
○独立までの収入を保証（アグベル㈱で雇用）することにより若い新規就農者を支援。

輸出の実績・効果

輸出額は、３年で４倍を達成した。

	輸出額	備　考
2019 年度	2,000 万円	自社生産のみ
2020 年度	4,000 万円	他社農場からも集荷し取扱量増
2021 年度	8,000 万円	他社農場からも集荷し取扱量増

輸出で地域活性化！

【効果１】　日本初の選果場と若いスタッフが庭先まで集荷することで、農家の負担を軽減
【効果２】　アグベル㈱に出荷することで農家の収益率が 30%改善
【効果３】　時給 1,200 円（以前は 900 円）での期間アルバイトを 100 名採用し、地域雇用を創出
【効果４】　離農者からの借り受けにより約 11 倍に生産規模を拡大し、耕作放棄地を約３ha 再生

〔事例６〕㈱やまもとファームみらい野（宮城県　サツマイモ）
～経済団体と連携した「東北と九州の産地間連携」の取組～

輸出の状況

【主な輸出品目】サツマイモ
【主な輸出先国・地域】香港

輸出の取組内容

○東北農政局は、東北と九州の経済連合会と連携して、九州経済連合会が主導して立ち上げた㈱九州農水産物直販を通じた東北産品の輸出（産地間連携）の取組を促進。
○九州でのサツマイモ基腐病の発生により、新たな産地を探していた㈱九州農水産物直販と、販路を求めていた㈱やまもとファームみらい野を結び付け、宮城県産サツマイモの香港向け輸出が実現。
○トライアル輸出で現地消費者から高評価を受け、2021 年産からの本格輸出に向け作付面積を 15ha に拡大。

輸出の実績・効果

現地で高評価を受け本格輸出が実現した。

	輸出量	備　考
2021 年２月	３ t	トライアル輸出
2021 年４月	３ t	
2021 年 11 月～ 2022 年３月	120 t	本格輸出毎月 24 t

来年以降も更なる輸出拡大を目指す！

【効果１】 国内では規格外品の SS サイズが香港では人気があり、農家手取りの増加に貢献
【効果２】 九州と東北の産地間連携（リレー出荷、商材の多様化等）を行い、現地スーパーへの通年供給体制を確保
【効果３】 東北と九州に産地を分散することで、気象・病害による不作等のリスク分散が可能

〔事例７〕足立醸造㈱（兵庫県　オーガニック醤油）
～国際認証取得を目指すことで、現地顧客との関係を強化！～

輸出の状況

【主な輸出品目】オーガニック醤油
【主な輸出先国・地域】ドイツ、アメリカ、スイス

輸出の取組内容

○現地で製造されている醤油との差別化のため、天然醸造・木桶仕込み・オーガニックといった付加価値を利用して輸出。
○欧米の食品基準に合った製造体制を確立するため、FSSC22000 の取得を目指し、国際的な食品安全基準をクリア。
○現地顧客とのコミュニケーション不足を解消するため、国内輸出商社との連携を強化し、細かいニーズを把握。

輸出の実績・効果

国際認証取得を目指すことで、順調に増加した。

	輸出額
2018 年度	2,400 万円
2019 年度	2,760 万円
2020 年度	2,950 万円

天然醸造・木桶仕込み・オーガニックといった付加価値を活用！

【効果１】 木桶仕込み醤油の製法がワインと類似しているストーリーは、木桶仕込み文化への理解や付加価値上昇に寄与
【効果２】 ISO22000 から FSSC22000 へとアップグレードすることにより、既存取引先の要望に応えるとともに、新規顧客を獲得
【効果３】 現地顧客の細かいニーズへの対応が可能に

〔事例８〕飛騨ミート農業協同組合連合会（岐阜県　牛肉）
～インバウンド需要の獲得により地域活性化に貢献！～

輸出の状況

【主な輸出品目】牛肉

【主な輸出先国・地域】香港、台湾、EU 等 12 カ国

輸出の取組内容

○海外での飛騨牛銘柄の普及定着を図るとともに、海外からの観光客誘致につなげることを目指し、2008 年から輸出を開始。

○日本トップクラスの衛生管理能力を誇る食肉処理施設は、衛生基準の特に厳しいアメリカや EU を含めた 14 の国・地域の認定を取得済。

○飛騨牛銘柄推進協議会が認定する「飛騨牛海外推奨店」のレストラン等を中心に牛肉を輸出・PR し、岐阜県へのインバウンド需要を喚起。

○農林水産省の事業を活用しながら、小割加工に対応した部分肉包装ラインの整備や衛生管理による賞味期限の延長等の取組を実施。

輸出の実績・効果

コロナ禍の影響はあるものの、認証取得等を進めながら輸出国を拡大中。

	輸出額
2018 年度	5 億 6,700 万円
2019 年度	4 億 9,000 万円
2020 年度	4 億 2,000 万円
2021 年度	7 億 7,000 万円

インバウンド需要の獲得により地域活性化に貢献！

【効果 1】 14 の国・地域への輸出を可能にすることで輸出先国での飛騨牛需要が増加し、**飛騨牛販売業者の販売ルートが拡大**

【効果 2】 飛騨牛の輸出をきっかけとして、**インバウンド需要を喚起** (2019 年の岐阜県への外国人訪問者数は前年比 20% 増)

〔事例９〕三栄鶏卵㈱ GP センターコンソーシアム（愛知県　鶏卵）
～輸出により日本産鶏卵のブランド価値向上に貢献！～

輸出の状況

【主な輸出品目】鶏卵
【主な輸出先国・地域】シンガポール、台湾

輸出の取組内容

〇企業ブランド力及び従業員のモチベーション向上を目指し、2012 年からシンガポール・台湾の日系量販店・飲食店向けに輸出を開始 (直接輸出)。
〇海外で定期的に実演販売等のイベントを開催することに加え、現地スーパーとのコミュニケーションを密に行い、現地ニーズを積極的に把握。
〇鶏卵は現地産があるため、ブランド価値を高めて富裕層向けの高価格帯商材を売り込むことで、価格競争を回避しながら輸出。

輸出の実績・効果

現地ニーズ調査、チャネル開拓及び継続したプロモーション活動の結果、輸出額が増加した。

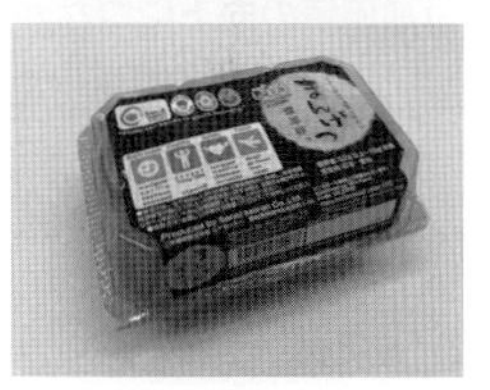

輸出により企業イメージや、従業員のモチベーションが向上！

【効果１】　輸出に魅力を感じる人材を惹き付け、求人を大幅に上回る応募者を獲得
【効果２】　海外現地での実演販売経験を通じ、従業員のモチベーションが向上
【効果３】　５つ星ホテル内レストランで採用されるなど、日本産鶏卵のブランド価値向上に貢献

〔事例 10〕㈱米五（福井県　味噌・味噌加工品）
～歴史を生かしたストーリーで、現地消費者へ訴求！～

輸出の状況

【主な輸出品目】味噌・味噌加工品
【主な輸出先国・地域】香港、台湾、中国、シンガポール、アメリカ

輸出の取組内容

○曹洞宗大本山永平寺の御用達店として、地元福井の米と国産大豆を使用した、昔ながらの味噌造りを続ける。地元農家と米・大豆の契約栽培を結んでおり、自社商品の原料に使用している。
○味噌、味噌加工品、フリーズドライのインスタント味噌汁を香港、台湾、シンガポール、中国、アメリカに向けて輸出
○販売チャネルは、現地スーパー等に並ぶ小売向けが７割で、飲食店で使う業務用が３割程度。

大本山永平寺御用達

輸出の実績・効果

他の味噌との差別化のため、「永平寺御用達の味噌」という歴史を生かしたストーリーで消費者に訴求することにより、付加価値の向上につながった。

	輸出額
2021 年度	136 万円
2022 年度	190 万円

〔事例 11〕りんごにおける輸出拡大効果例

輸出の実績・効果

りんごは、輸出量が生産量に占める割合が4～5%と、他の多くの農産物と比較し高い。輸出割合の高い青森県は他県と比較し、りんご栽培面積の減少速度が緩やかになっており、特に輸出が増加した2002年頃からその傾向が顕著になっている。

資料：財務省「貿易統計」、農林水産省「作物統計調査」

りんご栽培面積と輸出量

輸出量　面積青森　面積青森以外
結果樹面積（ha）
輸出量（t）
2002 年に台湾が WTO へ加盟

〔事例 12〕国内より高価格で取引されている例（日本酒）

輸出の実績・効果

2022 年の１L 当たりの日本酒の輸出価格は 1,323 円となり、この 10 年間で２倍以上に上昇。海外では国内出荷価格より高い価格で取引されており、現在、日本酒の輸出金額は国内出荷金額の１割を超える。

ポストコロナで経済活動が再開され、日本食レストランの営業が再開したことや、日本酒の冷蔵輸送の管理方法が普及し、品質が保持された状態で流通可能になったこと等が輸出拡大に影響。また、日本食レストラン以外でも日本酒が高級酒として受け入れられる市場が形成されつつある。

国・地域別の日本酒１L あたりの輸出価格

国・地域	2021 年（円/L）	2022 年（円/L）	増加率	国・地域	2021 年（円/L）	2022 年（円/L）	増加率
中国	1,414	1,917	35.6%	ベトナム	910	1,019	11.9%
米国	1,087	1,203	10.7%	マレーシア	998	1,075	7.7%
香港	2,870	2,619	▲8.8%	英国	1,119	1,254	12.1%
韓国	621	622	0.2%	フランス	1,117	1,226	9.8%
シンガポール	1,960	2,535	29.3%	タイ	463	626	35.2%
台湾	652	722	10.9%	ドイツ	512	539	5.4%
カナダ	902	1,156	28.2%	オランダ	593	704	18.8%
オーストラリア	977	1,156	18.3%	平均	1,253	**1,323**	5.6%

資料：日本酒造組合中央会資料を基に作成

【参考】2012 年の輸出価格（平均）：633 円 /L
2019 年の国内出荷価格：736 円 /L

地域の雇用と経済に大きく関わる食品製造業

食品製造業は、各都道府県において数ある製造業の中でも、雇用される従業員や出荷額の割合が高い。特に北海道や九州・沖縄など第１次産業が盛んな地域において高いシェアを占めており、地域経済をけん引する重要な産業である。

また、味噌・醤油のように地域の食文化を反映する産品が多く存在している。

このようなことから、食品製造業の振興のために輸出を推進していくことは意義がある。

食品製造業の従業員数のシェア（2016 年）

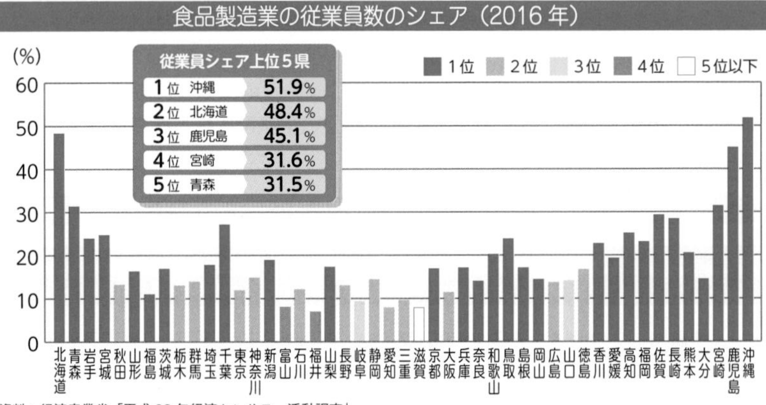

資料：経済産業省「平成 28 年経済センサス－活動調査」
注　：食品製造業は、飲料・たばこ・飼料製造業を含む。

食品製造業の出荷額のシェア（2018 年）

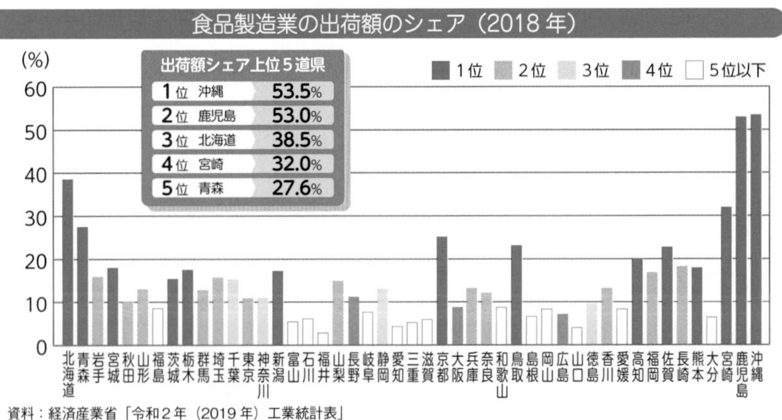

資料：経済産業省「令和２年（2019 年）工業統計表」
注　：食品製造業は、飲料・たばこ・飼料製造業を含む。

第2章

政府の輸出促進政策

1-1 輸出促進法制定の背景

政府の輸出促進政策

農林水産物・食品の輸出促進に関する政府の政策の方針は、総理大臣を本部長とする「農林水産業・地域の活力創造本部（2022年6月「食料安定供給・農林水産業基盤強化本部」に改組）」において決定されている。

2019年4月 「農林水産物・食品の輸出拡大のための輸入国規制への対応等に関する関係閣僚会議」設置

ポスト1兆円目標に向けて、輸入国の規制への対応などの方策を検討するため、同会議を開催。内閣官房長官が議長、厚生労働大臣と農林水産大臣が副議長に就任。

2019年6月 農林水産物・食品の更なる輸出拡大に向けた課題と対応の方向を取りまとめ

2019年11月 「農林水産物及び食品の輸出の促進に関する法律」成立
（2020年4月1日施行）

輸出先国による食品安全規制等に対応するため、輸出先国との協議等について、政府一体となって取り組むための体制整備等を内容とする本法を制定。

2020年3月 2030年までに農林水産物・食品の輸出額を5兆円とする目標を設定

「食料・農業・農村基本計画」（3月31日閣議決定）の中の「食料の安定供給の確保に関する施策」として、グローバルマーケットの戦略的な開拓が掲げられ、2019年の農林水産物・食品の輸出額9,121億円から2030年までに5兆円とすることを目指すことが記された。

※「食料・農業・農村基本計画」は、食料・農業・農村基本法に基づき、政府が中長期的に取り組むべき方針を定めたもので、情勢変化等を踏まえおおむね5年ごとに変更する。

2020年4月 「農林水産物及び食品の輸出の促進に関する法律」施行

輸出促進法に基づき、政府全体の司令塔組織となる「農林水産物･食品輸出本部」を設置し、「農林水産物及び食品の輸出に関する基本方針・実行計画」を策定。

2020年7月 2025年までに農林水産物・食品の輸出額を2兆円とする目標を設定

「経済財政運営と改革の基本方針2020」「成長戦略フォローアップ」（7月17日閣議決定）において、中間目標として、2025年までに農林水産物・食品の輸出額を2兆円とする目標が設定。

※「経済財政運営と改革の基本方針」は、首相が議長を務める経済財政諮問会議で策定される「骨太の方針」のこと。

2020年12月 「農林水産物・食品の輸出拡大実行戦略」を決定

「農林水産業・地域の活力創造本部」において決定され、次の3つの基本的考え方に基づいて政策を立案・実行。

① 日本の強みを最大限に発揮
② マーケットインの発想で輸出にチャレンジする農林水産事業者を後押し
③ 省庁の垣根を超え政府一体として輸出の障害を克服

2021年12月 輸出促進法等の改正など施策の方向を決定

「農林水産物・食品の輸出拡大実行戦略」を改訂し、輸出促進法等の改正など2022年度に実施する施策及び2023年度以降に実施するべき施策の方向を決定。

2022年5月 「農林水産物及び食品の輸出の促進に関する法律等の一部を改正する法律」成立（2022年10月1日施行）

認定輸出促進団体の認定制度の創設や金融・税制などによる事業者への支援策の拡充等を内容とする本法律が成立。改正法の成立を受け、「農林水産業・地域の活力創造本部」において「農林水産物・食品の輸出拡大実行戦略」を改訂。

2022年12月 2023年度に実施する施策及び24年度以降に実施するべき施策の方向を決定

「食料安定供給・農林水産業基盤強化本部」において「農林水産物・食品の輸出拡大実行戦略」を改訂し、今後実施する施策の方向を決定。

〔参考〕輸出額1兆円までの道のり

2005年 小泉内閣（島村農林水産大臣）において、農林水産物・食品の輸出額の倍増目標を設定。
2006年 安倍内閣（松岡農林水産大臣）において、2020年までに輸出額1兆円を目指す目標を設定。
2016年 安倍内閣（森山農林水産大臣）において、1兆円目標の前倒しを指示。
2019年 安倍内閣（江藤農林水産大臣）において、輸出促進法を制定。
2020年 菅内閣（野上農林水産大臣）において、農林水産物・食品の輸出拡大実行戦略を策定。
2021年 岸田内閣（金子農林水産大臣）において、初めて1兆円目標を達成。
2022年 岸田内閣（野村農林水産大臣）において、2年連続で1兆円を突破し輸出額は過去最高に。

1-2 輸出促進法制定の背景

輸出に係る課題

農林水産物・食品の輸出に当たり課題となるのが、輸出先国・地域の食品安全規制である。各国・地域の気候や風土、食生活の違いにより、食品安全のリスクが異なっている。

食品安全を理由に恣意的な規制が設けられるリスクに対応

WTO / SPS 協定（1995 年 1 月発効）

① Agreement on the Application of Sanitary and Phytosanitary Measures ＝衛生植物検疫措置の適用に関する協定
② WTO 協定の附属書の一つ
③ 人、動物又は植物の生命又は健康を守るという SPS 措置の目的を達成しつつ、貿易に与える影響を最小限にするための国際ルール

【SPS 協定の原則】

加盟国が SPS 措置をとる場合に従うべきルール

① 食品安全（動植物検疫に関する措置：SPS 措置）は科学的根拠に基づく（第２条２）
② 加盟国はリスク評価を行い、適切な保護のレベルを決定する（第５条１）
③ 不当な差別の禁止（第２条３）
④ 貿易歪曲的な SPS 措置の禁止（第２条３）
⑤ 原則として国際基準に基づいた措置をとる（第３条１）

しかし、WTO / SPS 協定は、各国の食品安全に関する考えの違いに対応し、柔軟な措置をとることを許容しているため、輸出する側は、輸出先国・地域ごとに異なる基準に対応する必要がある。

許容されている措置

1　国際基準よりも高い保護の許容

加盟国は、科学的に正当な理由がある場合には、国際基準よりも高い保護のレベルを定めることができる。（第３条の３）

国際基準よりも高いレベルの例：日本の農林水産物に対する放射性物質規制※

※ 原発事故後、流通している食品のうち汚染されている食品の割合を 50%と仮定して、国際基準より厳しいレベルに設定。

2　予防原則の許容 ※ 科学的知見の収集や SPS 措置の再検討が必要。

科学的根拠が不十分な場合には、加盟国は暫定的な SPS 措置をとることができる。（第５条７）

1-3 輸出促進法制定の背景

輸出に際しての支障の実例

国内対応の遅れ

輸出促進法制定前の議論

輸出拡大のためには、輸出先国・地域ごとに定められた規制に対応し、輸出できる国と品目を増やすことが必要であるが、対応が不十分だった。その要因としては、以下のことがあげられた。

① 縦割り行政
② 国や自治体が果たすべき責務が不明確
③ 民間事業者は、独力では課題を解消できない

輸出促進法とは、2019年11月制定の「農林水産物及び食品の輸出の促進に関する法律」のこと

輸出先国・地域が講じる輸入規制への対応についての法律がない

農林漁業者や食品事業者は、食品安全等の規制について十分な知識をもっていないことが多い

輸出促進法制定時の課題

国内体制整備の課題の例として以下があげられた。

1　欧米向けの牛肉のHACCP施設認定

HACCP施設の認定には、多くの費用や時間を要する。

【事例】対米向け輸出施設として補助金を受け、2017年３月竣工後認定まで２年以上経過した。

対米・対EUを中心に、多くの国で食肉輸出には国によるHACCP施設の認定が必要

2　欧米向け水産物の生産海域モニタリング

・陸奥湾西部等では海域が指定されていないため、同海域で養殖されたホタテは輸出できない。
・アメリカ向けの活カキ輸出には、アメリカの承認を受けた上で、海域モニタリングが必要。

EU向けのホタテ輸出には、地方自治体が生産海域を指定し、水質等のモニタリングを行う必要がある

厚労省及び農水省が日本版貝類衛生プログラムを策定中

3　畜水産物の衛生証明書等の発行

・タイ向けの青果物輸出では、2019 年8月から選果・梱包施設がタイの衛生基準を満たしている旨の証明書が必要。

農林水産省で発行体制を整備したものの、生産者にとって負担となっている

・畜産物や水産物の輸出の際、厚生労働省及び地方自治体の衛生証明書の発行が必要な産品について、発行までに時間がかかる場合がある。

早期に発行できるよう柔軟な対応を求める声がある

4　海外の食品添加物・農薬基準への対応

クチナシなどの既存添加物は多くの加工食品で使用されているが、アメリカや EU では添加物として登録されていないため、これらを使用する食品は輸出できない。

加工食品に用いられる食品添加物や農薬は、コーデックス規格を準用している国もあるが、多くの国は独自の基準値を設定している

国際交渉の遅れ

輸出促進法制定前の議論

輸出拡大のためには、規制に対応できる体制の整備だけでなく以下３点が必要であった。

① 輸出できる農林水産物の品目や対象国を増やすための輸出先国・地域との協議を通じた輸出解禁の加速化

② アジアを中心に、輸出先国への施設登録など輸入食品の安全性に関する規制が強化される方向にある中での協議による更なる対応強化

③ 協議手続を前に進める重要な局面での閣僚級の関与

これらに対応するためには、閣僚のリーダーシップの下で、厚生労働省、農林水産省、財務省などが実施する輸出入に関する食品安全の交渉を一体的に実施する体制整備が必要とされた。

協議の例

1　原発事故に伴う放射性物質規制

2011 年３月に発生した東京電力福島第一原子力発電所事故により、日本の農林水産物・食品に対し、放射性物質に係る規制を実施している国・地域がある。規制の撤廃に向けて政府一体となって協議中。

【事例】中国には新潟県の米を除く 10 都県の食品や全国の青果物等、香港には福島の青果物や乳飲料等、韓国には８県の水産物等が輸出できない。

2　食肉の食品衛生・動物衛生協議

中国、韓国、パラグアイなど多くの国に対し、牛肉・豚肉の輸出解禁を協議中。食肉については、食品安全※1と動物衛生※2の協議が必要。

※1 厚生労働省がヒトの健康影響を担当　※2 農林水産省が担当

食品安全に関する規制強化の例（輸出促進法制定時）

1　台湾向け牛肉

台湾側は衛生管理基準の厳格化の意向を表明。台湾向けの施設認定の追加の要望があるが、台湾側の手順が定められておらず、施設追加ができない。

➡2019年7月に台湾側より示された施設追加の手順に基づき、厚生労働省が同年8月に要綱を作成し、自治体に周知。

対応済み

2　タイ向け青果物、食品

・タイ向けの青果物輸出について、2019年8月から選果・梱包施設がタイの衛生基準を満たしている旨の証明書が必要となる。

➡民間の食品安全マネジメント協会（JFSM）とその認証を受けた監査会社、一部の都道府県及び国は、必要な証明書の発行体制を整備済み。

対応済み

・輸入時に食品の製造施設に関する証明書（GMP証明書等）が求められる食品の範囲が拡大。証明書様式等について協議。

➡2021年10月から規則が適用。農林水産省は、GMP証明書の発行体制を整備したほか、大使館を通じて使用可能な証明書（JFS-B等）を確認。また、これらの情報を農林水産省とJETROのHPに掲載し、事業者に情報を提供。

対応済み

2019年の関係閣僚会議における議論

2019年4月、ポスト1兆円目標に向けて、農林水産物・食品の輸出拡大のための輸入国規制への対応等に関する関係閣僚会議が設置された。

・輸入国の規制への対応などの方策を検討
・議長：内閣官房長官

・輸出拡大に向けて喫緊に対応すべき課題約100項目をリストアップ
・関係省庁がいつまでに何をすべきかの具体的な対応等を明確にした「工程表」を取りまとめ

これを基に、2020年4月に輸出促進法に基づく実行計画を策定

個別の課題への対応に加え、輸出先国の輸入規制に迅速かつ戦略的に対応するためには、政府や地方の体制整備や事業者への支援が必要なことを踏まえ、輸出促進法の制定の方向性を決定した。

輸出促進法制定までの関係閣僚会議の開催状況

回　数	日　時	議　題
第1回	2019年 4月25日	・輸出の状況・課題（輸入国の規制等） ・事業者ヒアリング
第2回	2019年 5月17日	・輸出の状況、課題（工程管理） ・事業者ヒアリング
第3回	2019年 6月4日	・更なる輸出拡大に向けた課題と対応の方向
第4回	2019年 9月27日	・農林水産物・食品の輸出の促進に関する法律案 ・輸出拡大のための相手国・地域の規制等への対応強化（工程表）の進捗状況

当時のヒアリング等における主な意見

問題点１

・国の施設認定等のスピードが遅い。
・申請側（民間）だけでは技術的に対応が困難であり、輸入規制対応に時間がかかる。

加工施設の HACCP 認定等、
相手国との交渉も含め、
スピード感をもって許認可
できるようにしてほしい

輸出先国で認められてない
天然着色料の安全性について、
詳細な分析データが求められた

問題点２

輸出に際しての施設への補助や認定などの諸手続について、複数の省庁に相談や手続きを行わなければならず民間の負担になっている。

農林水産省補助金で建設した
兵庫県の食肉施設は、竣工から
対米・対 EU 向けの認定までに
２年以上かかっている

中国へは、同一の輸出物に
対して保健所から食品衛生証明書、
水産庁から放射性物質証明書が
必要になるので窓口の一元化が必要

問題点３

国の省庁のみならず、都道府県や保健所等の人手不足などが原因で手続きに時間がかかる。

EU 輸出のためには自治体の
生産海域認定が必要だが、
自治体の認定がされておらず
輸出ができない

魚市場の対 EU・HACCP 施設の保健所の
手続きが遅く、担当者によって指摘が異なり、
事業者の意欲を削いでしまう

▼

民間事業者がビジネスチャンスを失う結果へ

2-1 輸出促進法に基づく取組

輸出促進法の制定

輸出先国・地域による食品安全等の規制等に対応するため、政府が一体となって取り組むための体制整備を目的とする「農林水産物及び食品の輸出の促進に関する法律案」が第200回国会に提出された。

〔主な内容〕
・輸出先国・地域との協議
・輸出を円滑化するための加工施設の認定
・輸出のための取組を行う事業者の支援

衆議院、参議院ともに賛成多数で可決、2019年11月27日に公布された（2020年4月1日施行）。

農林水産物及び食品の輸出の促進に関する法律の概要（制定時）

令和元年法律第57号

1　農林水産物・食品輸出本部の設置

農林水産省に政府全体の司令塔組織として、農林水産大臣を本部長とする「農林水産物･食品輸出本部」を設置（本部員は右記）。輸出本部は、輸出促進に関する基本方針を定め、実行計画（工程表）の作成・進捗管理を行うとともに、関係省庁の事務の調整を行うことにより、政府一体となった輸出の促進を図ることとした。

2　国等が講ずる輸出を円滑化するための措置

これまで法律上の根拠規定のなかった ①輸出証明書の発行、②生産区域の指定、③加工施設の認定について、主務大臣（財務大臣、厚生労働大臣、農林水産大臣）及び都道府県知事等ができる旨を規定。民間の登録認定機関による加工施設の認定も可能とした。

3　輸出のための取組を行う事業者に対する支援措置

輸出事業者が作成し認定を受けた輸出事業計画について、食品等の流通の合理化及び取引の適正化に関する法律（平成３年法律第59号）及び食品の製造過程の管理の高度化に関する臨時措置法（平成10年法律第59号）に基づく認定計画等とみなして、日本政策金融公庫による融資、債務保証等の支援措置の対象とした。

4　その他

農林水産省設置法を改正し、本部の所掌事務を追加。２の輸出証明書発行の規定と重複する食品衛生法の規定を削除した。

農林水産物・食品輸出本部の下での実施体制

農林水産物・食品輸出本部

〔本部長〕農林水産大臣
〔本部員〕総務大臣　外務大臣　財務大臣　厚生労働大臣　経済産業大臣
　　　　国土交通大臣　復興大臣

農林水産物・食品輸出本部事務局

〔事務局長〕農林水産省 輸出・国際局長
〔事務局長代理〕農林水産省 大臣官房審議官（輸出本部担当）
〔次長〕農林水産省 輸出・国際局 輸出企画課長、総務省、外務省、財務省、厚生労働省、
　　　経済産業省、国土交通省及び復興庁の課長級の併任者

※ 農林水産省に関係府省庁の総合調整機能を付与するための閣議決定
※ 輸出本部の庶務は農林水産省輸出・国際局輸出企画課が処理

基本方針の策定

輸出先国との協議、輸出円滑化措置（証明書発行・施設認定等）、
事業者支援等

実行計画（工程表）の作成・進捗管理

・対米・対 EU HACCP 施設の認定等のスピードアップ
・輸出先国との協議の一体的実施　等

農林水産省輸出・国際局（2021 年 7 月設置）の役割

・輸出拡大実行戦略に記載した取組を実行するため、農林水産省輸出・国際局において、既存の施策の見直しも含め、輸出拡大のための施策を強力に推進する。
・政府全体の司令塔組織である農林水産物・食品輸出本部の運用等を通じて、輸出関連施策を政府一体となって実施する。

2-2 輸出促進法に基づく取組

農林水産物・食品輸出本部の取組

農林水産物・食品輸出本部会合の開催状況

第1回会合（2020年4月3日）	基本方針、実行計画及び輸出本部の運営方法を決定 ※新型コロナウイルス感染症感染拡大を避けるため、持ち回り開催
第2回会合（2020年6月19日）	輸出本部の取組状況を説明、本部会合後に本部長による看板掛けを実施
第3回会合（2021年4月9日）	基本方針及び実行計画の変更を決定、輸出本部の取組状況を説明
第4回会合（2022年9月13日）	基本方針及び本部の運営方法の変更を決定、輸出本部の取組状況を説明

農林水産物及び食品の輸出の促進に関する実行計画

輸出促進法に基づき、①～③を実行計画にとりまとめ、早期実行に向けた進捗管理を実施している。

① 輸出先国・地域との協議への対応
② 輸出を円滑化するための対応
③ 事業者・産地への支援に関する対応

※実行計画では、項目ごとに、対象国･地域、対象となる事項、現状、対応スケジュール、輸出可能性、担当大臣を明記。

	実行計画作成時項目数（2020年4月3日）	追加項目数	対応済み項目数	2022年9月13日時点の実行計画項目数
Ⅰ 輸出先国・地域との協議への対応	56	81	63	74
Ⅱ 輸出を円滑化するための対応	17	110	51	76
Ⅲ 事業者・産地への支援に関する対応	―	52	32	20
合　計	73	243	146	170

資料：農林水産物・食品輸出本部第４回会合

農林水産物及び食品の輸出の促進に関する基本方針

輸出促進法に基づき、以下の旨を規定した農林水産物・食品の輸出に関する基本方針を策定した。

第１　農林水産物及び食品の輸出を促進するための施策に関する基本的な方向

第２　農林水産物及び食品の輸出を促進するために必要な輸出先国の政府機関が定める輸入条件についての当該輸出先国の政府機関との協議に関する基本的な事項

第３　輸入条件に適合した農林水産物及び食品の輸出を円滑化するために必要な証明書の発行その他の手続の整備に関する基本的な事項

第４　農林水産物及び食品の輸出を行う事業者の支援に関する基本的な事項

第５　農林水産物・食品輸出促進団体の支援に関する基本的な事項
【輸出促進法改正により追加】

第６　日本農林規格等に関する法律第２条第４項に規定する同等性の承認を得るための施策、同条第２項に規定する日本農林規格を同法第 72 条第２項に規定する国際標準とすることに関する施策その他の農林水産物及び食品の輸出を促進するために必要な規格の整備並びにその普及及び活用の促進に関する基本的な事項　【輸出促進法改正により追加】

第７　輸出先国と相互に特定農林水産物等の名称の保護に関する法律第２条第２項に規定する特定農林水産物等の名称の保護を図ることその他の農林水産物及び食品の輸出を促進するために必要な知的財産基本法第２条第１項に規定する知的財産の保護及び活用に関する基本的な事項
【輸出促進法改正により追加】

第８　上記のほか必要な施策に関する事項

2-3 輸出促進法に基づく取組

原発事故に伴う輸入規制への対応

「農林水産物・食品輸出本部」の下、実行計画に基づき輸出先国・地域による規制への対応を実施。2011年の福島第一原子力発電所事故以降、未だ規制を維持している12の国・地域における規制の早期撤廃に向けて、あらゆる機会をとらえ、政府一体となり働きかけを行っている。

2022年7月26日現在

<table>
<tr><th>規制措置の内容（国・地域数）</th><th colspan="2">国・地域名</th></tr>
<tr><td>事故後の輸入規制を撤廃（43）</td><td colspan="2">カナダ、ミャンマー、セルビア、チリ、メキシコ、ペルー、ギニア、ニュージーランド、コロンビア、マレーシア、エクアドル、ベトナム、イラク、オーストラリア、タイ※1、ボリビア、インド、クウェート、ネパール、イラン、モーリシャス、カタール、ウクライナ、パキスタン、サウジアラビア、アルゼンチン、トルコ、ニューカレドニア、ブラジル、オマーン、バーレーン、コンゴ民主共和国、ブルネイ、フィリピン、モロッコ、エジプト、レバノン、アラブ首長国連邦（UAE）※1、イスラエル、シンガポール、アメリカ、イギリス※2、インドネシア</td></tr>
<tr><td rowspan="2">事故後の輸入規制を継続※3（12）</td><td>一部都県等を対象に輸入停止（5）</td><td>韓国、中国、台湾、香港、マカオ</td></tr>
<tr><td>一部又は全ての都道府県を対象に検査証明書等を要求（7）</td><td>EU、EFTA（アイスランド、ノルウェー、スイス、リヒテンシュタイン）、仏領ポリネシア、ロシア</td></tr>
</table>

※1 タイ及びUAE政府は、検疫等の理由により輸出不可能な野生鳥獣肉を除き撤廃。
※2 北アイルランドについては、英EU間の合意に基づき、EUによる輸入規制が継続。
※3 規制措置の内容に応じて分類。規制措置の対象となる都道府県や品目は国・地域によって異なる。

原発事故による食品等の輸入規制を撤廃した国・地域

2022 年 7 月 26 日現在

撤廃の年月		国・地域
2011 年		カナダ、ミャンマー、セルビア、チリ
2012 年		メキシコ、ペルー、ギニア、ニュージーランド、コロンビア
2013 年		マレーシア、エクアドル、ベトナム
2014 年		イラク、オーストラリア
2015 年		タイ※1、ボリビア
2016 年		インド、クウェート、ネパール、イラン、モーリシャス
2017 年		カタール、ウクライナ、パキスタン、サウジアラビア、アルゼンチン
2018 年		トルコ、ニューカレドニア、ブラジル、オマーン
2019 年		バーレーン、コンゴ民主共和国、ブルネイ
2020 年		フィリピン、モロッコ、エジプト、レバノン、UAE※1
2021 年	1 月	イスラエル
	5 月	シンガポール
	9 月	アメリカ
2022 年	6 月	イギリス※2
	7 月	インドネシア

※1 タイ及び UAE 政府は、検疫等の理由により輸出不可能な野生鳥獣肉を除き撤廃。
※2 北アイルランドについては、英 EU 間の合意に基づき、EU による輸入規制が継続。

原発事故による食品等の輸入規制の緩和（2019年以降）

2022年6月6日現在

緩和の年月	国・地域	緩和の主な内容
2019年 10月	マカオ	・輸入停止（宮城等9都県産の野菜、果物、乳製品）→ 商工会議所のサイン証明で輸入可能に ・放射性物質検査報告書（9都県産の食肉、卵、水産物等）→ 商工会議所のサイン証明に変更 ・放射性物質検査報告書（山形、山梨県産の野菜、果物、乳製品等）→ 不要に
11月	EU、EFTA	・検査証明書及び産地証明書の対象地域及び対象品目が縮小（福島県の大豆、6県の水産物を検査証明対象から除外 等）
2020年 1月	インドネシア	・放射性物質検査証明書（47都道府県産の水産物、養殖用薬品、エサ）→ 不要に ・放射性物質検査報告書（7県産〈宮城等〉以外の加工食品）→ 不要に
5月	インドネシア	・放射性物質検査報告書（7県産〈宮城等〉以外の農産物）→ 不要に
2021年 1月	香　港	・5県産（福島、茨城、栃木、群馬及び千葉）の野菜、果物、牛乳、乳飲料、粉乳、水産物、食肉及び家禽卵を除く食品に対する全ロット検査 → 廃止
3月	仏領ポリネシア	①第三国経由で日本から輸入される食品・飼料、②漁業用のエサ (fishing bait) として使用される水産物に対する放射性物質検査証明書及び産地証明書 → 不要に
10月	EU、EFTA※	検査証明書及び産地証明書の対象品目が縮小（栽培されたきのこ類等を検査証明及び産地証明対象から除外等）
2022年 2月	台　湾	5県産（福島、茨城、栃木、群馬及び千葉）の輸入停止 → 一部品目を除き産地証明及び放射性物質検査報告書の添付を条件に解除、一部都県の放射性物質検査報告書の対象品目が縮小
6月	インドネシア	放射性物質検査報告書（7県産 (宮城等) の加工食品）→ 不要に

※ スイス、ノルウェー、アイスランド、リヒテンシュタイン（EFTA加盟国）もEUに準拠した規制緩和を実施。

原発事故に伴い輸入停止措置を講じている国・地域

国・地域	輸入停止措置対象県	輸入停止品目
中　国	宮城、福島、茨城、栃木、群馬、埼玉、千葉、東京、長野	全ての食品、飼料
	新潟	米を除く食品、飼料
香　港	福島	野菜、果物、牛乳、乳飲料、粉乳
台　湾	福島、茨城、栃木、群馬、千葉	きのこ類、コシアブラ、野生鳥獣肉
	日本国内の出荷制限措置の対象地域	日本国内の出荷制限措置の対象品目
韓　国	青森、岩手、宮城、福島、茨城、栃木、群馬、千葉	全ての水産物
	青森、岩手、宮城、山形、福島、茨城、栃木、群馬、埼玉、千葉、神奈川、新潟、山梨、長野、静岡	米、大豆、小豆、野菜、果物、原乳、飼料、茶の一部品目
マカオ	福島	野菜、果物、乳製品、食肉･食肉加工品、卵、水産物・水産加工品

注　：中国は 10 都県以外の野菜、果実、乳、茶葉等（これらの加工品を含む）について放射性物質検査証明書の添付を求めているが、放射性物質の検査項目が合意されていないため、実質上輸入が認められていない。

2-4 輸出促進法に基づく取組

動物検疫協議の状況

これまで、牛肉について32カ国、豚肉6カ国、家きん肉9カ国、家きん卵11カ国との間で、輸出条件に合意済み。

実行計画に基づき、優先順位の高い品目・輸出先国・地域に関する輸出解禁協議のほか、輸出条件の緩和や、日本国内での家畜伝染病の発生に伴う輸出再開等について、引き続き関係省庁と連携して取り組む。

畜産物の輸出では、相手国の法令に基づき、食品衛生及び家畜衛生に関するリスク評価を受け、輸出条件について合意するなどの手続が必要

輸出解禁に向けた協議

- 中国向け牛肉、家きん肉、家きん卵、乳製品、ペットフード
- 韓国向け牛肉
- パラグアイ向け牛肉
- ロシア向け家きん肉、家きん卵

輸出条件の緩和に向けた協議

- 台湾向け牛肉の月齢制限の撤廃
- 台湾向け家きん卵に関する地域主義※1の適用
- シンガポール向け輸出施設の認定権限の委譲*2
- ロシア向け輸出施設の認定権限の委譲
- 各国向けスライス加工した食肉の輸出

輸出再開・継続に向けた協議

- 日本国内の豚熱・鳥インフルエンザの発生に関する、地域主義の適用の拡大及び継続
- 清浄化後の輸出再開に向けた協議

※1 疾病発生国であっても、疾病が発生している地域だけを輸入停止し、それ以外の清浄であると認められる地域からは輸入を認めるという概念。
※2 施設の認定・登録を相手国政府が行うのではなく、日本政府が行うことにより、事業者の負担を軽減。

2-5 輸出促進法に基づく取組

植物検疫協議の状況

検疫に係る協議（解禁・検疫条件変更）は、現在、14カ国・32件で実施中。2017年度以降現在までに、10カ国・19件について、解禁・検疫条件変更済。

輸出先国・地域への解禁要請や協議に、引き続き関係省庁と連携して取り組む。

輸出先国への要請

解禁要請に必要な情報を準備中
〔タイ〕ゆず、きんかん〔ベトナム〕かき
〔メキシコ〕ストック種子、トルコギキョウ種子　等

▼

植物検疫協議中※1,3

輸出先国による病害虫リスク評価※2**の実施中**

〔カナダ〕もも、いちご〔ベトナム〕ぶどう、もも、かき〔インド〕なし
〔米国〕さくらの切り枝、ゆず等かんきつ類〔オーストラリア〕メロン　等

▼

検疫条件の協議中

〔インド〕スギ〔タイ〕かんきつ類（薬剤処理の代替措置）、玄米〔中国〕ぶどう
〔フィリピン〕いちご　等

▼

輸出解禁又は検疫条件変更済※3

（2017年度以降の実績）
〔中国〕精米（精米工場及びくん蒸倉庫の追加）
〔米国〕かき、メロン、うんしゅうみかん（臭化メチルくん蒸の廃止）、
盆栽（ツツジ属及びゴヨウマツ）（網室内での栽培期間の短縮）、
なし（生産地域の拡大、品種制限の撤廃）
〔ベトナム〕玄米、うんしゅうみかん、りんご（袋かけに代わる検疫措置の追加）
〔タイ〕かんきつ類（輸出生産地域の追加、合同輸出検査から査察制への移行等）
〔オーストラリア〕かき（臭化メチルくん蒸に代わる検疫措置による解禁）、いちご
〔カナダ〕りんご（袋かけ又は臭化メチルくん蒸に代わる検疫措置の追加）
〔ＥＵ〕黒松盆栽（錦松盆栽を含む）
〔インド〕りんご
〔メキシコ〕精米　等

※1 協議中の案件のうち、「農林水産物及び食品の輸出の促進に関する実行計画」に掲載されているものを抜粋
※2 病害虫の侵入・定着・まん延の可能性やまん延した場合の経済的被害の評価
※3（　）を記載の案件は、検疫条件変更案件

2-6 輸出促進法に基づく取組

輸出証明書発行、手続きの一本化

これまで農林水産省、厚生労働省、国税庁、都道府県等がそれぞれ通知に基づいて行っていた、輸出に必要な①輸出証明書発行、②生産区域指定、③加工施設認定を法定化（輸出促進法第15条～第17条）。

国・品目別に定められていた約180の輸出証明書発行、施設認定等の手続を輸出促進法に基づく手続規程としてわかりやすく一本化した。

輸出促進法施行前は厚生労働省、農林水産省、国税庁がそれぞれ通知に基づいて実施していた

輸出促進法に基づく規程に一本化した手続

輸出先国	対象産品
EU等	牛肉、家きん肉、食肉製品、乳製品、家きん卵及び卵製品、ケーシング、ゼラチン・コラーゲン、水産物、ペットフード
アメリカ	牛肉、水産物
アラブ首長国連邦	牛肉
アルゼンチン	牛肉
インド	水産物、養殖水産動物用飼料
インドネシア	牛肉、水産物
ウクライナ	水産物
ウルグアイ	牛肉
オーストラリア	牛肉、水産物、養殖等用飼料
カタール	牛肉
カナダ	牛肉、水生動物
シンガポール	牛肉、豚肉、家きん肉、食肉製品、家きん卵製品、水産物（ふぐ）
タイ	牛肉、豚肉、青果物
ナイジェリア	水産物
ニュージーランド	牛肉、水産物（二枚貝）
バーレーン	牛肉
フィリピン	牛肉
ブラジル	牛肉、水産物、飲料・酢
ベトナム	牛肉、豚肉、家きん肉、水産物
マカオ	牛肉、豚肉、家きん肉
マレーシア	牛肉、水産物
ミャンマー	牛肉
メキシコ	牛肉、水産物
ロシア	牛肉、水産物
韓　国	家きん卵、畜産加工品、水産物
香　港	牛肉、豚肉、家きん肉、乳及び乳製品、家きん卵及び卵製品、アイスクリーム類等、水産物、モクズガニ
台　湾	牛肉、家きん卵及び卵製品、乳及び乳製品、食肉製品、水産物（貝類）
中　国	乳及び乳製品、水産物、錦鯉
各国共通	錦鯉（中国を除く）、まぐろ類、めろ、原発事故関連証明書、自由販売証明書、酒類、水産動物等

2-7 輸出促進法に基づく取組

一元的な輸出証明書発給システムの整備

輸出促進法第 15 条に基づく輸出証明書の申請・発給をワンストップで行えるオンラインシステムを以下のスケジュールで整備した。

2020年４月 農林水産省所管の原発事故関連証明書に加え、自由販売証明書を追加

2021年４月 国税庁所管の酒類に関する原発事故関連証明書、ブラジル向け酒類に関する原産地証明書等を追加

2022年４月 農林水産省及び厚生労働省所管の衛生証明書、漁獲証明書等を追加し、原則全ての種類の輸出証明書のシステム運用を整備

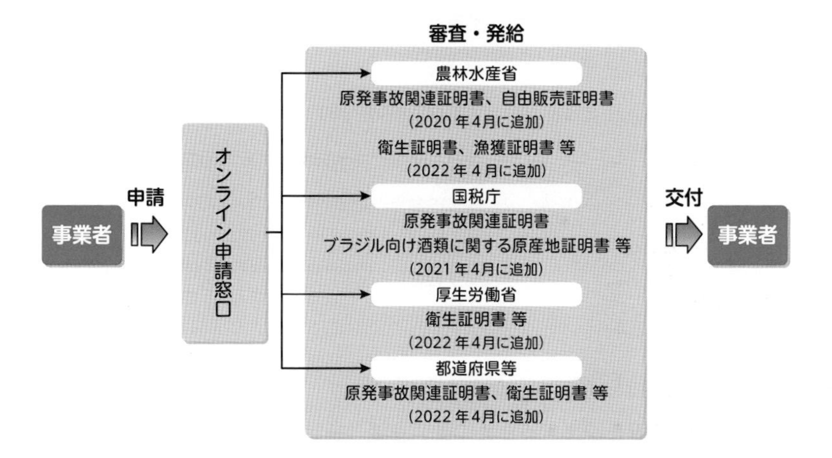

輸出証明書受取場所の拡大

2021 年４月から空港に証明書受取窓口を設置し、一部の輸出証明書について、受取場所を拡大している。

事業者が輸出する際に輸出証明書をスムーズに受け取ることができるようになった

羽田空港での受取

「羽田空港貨物合同庁舎」に証明書受取窓口を設置し、一部の証明書を受け取ることが可能（2021 年４月～）

成田空港での受取

成田空港内で一部の証明書を受け取ることができる体制を整備（2022 年７月～）

2-8 輸出促進法に基づく取組

適合施設の認定と適合区域の指定

主要国・地域向け輸出施設（輸出促進法第17条）

対米・対EUを中心に、多くの国・地域で食肉、水産物輸出には、国によるHACCP施設の認定が必要である。

主要国・地域向け輸出施設

2023年3月31日現在

品目	輸出先国	輸出施設数	認定主体
牛　肉	アメリカ	15	厚生労働省
	EU等※1	11	厚生労働省
	タ　イ	80	都道府県等
	マカオ	75	都道府県等
水　産	アメリカ	569	登録認定機関、厚生労働省、都道府県等
	EU等※1	110※2	農林水産省、厚生労働省、都道府県等
	中　国	1,134	厚生労働省、都道府県等
	ベトナム	786	都道府県

※1 イギリス、スイス、ノルウェー、リヒテンシュタイン（牛肉のみ）を含む
※2 最終加工施設のみ

EU等向け適合区域（輸出促進法第16条）

EU等にホタテ等を輸出するためには、海域の指定等が必要である。

適合区域

2023年3月31日現在

品目	輸出先国	認定主体
ホタテ	EU等※1	北海道（7海域）、青森県（2海域）
カ　キ	EU等※1	広島県（1海域）
生きたカキ	シンガポール	宮城県、三重県、大分県、広島県、福岡県、北海道

米国・EU 向け牛肉取扱認定施設

米国 EU	㈱北海道畜産公社　十勝工場 十勝総合食肉流通センター（第３工場）
米国 EU	とちぎ食肉センター
米国 EU	㈱群馬県食肉卸売市場
米国 EU	飛騨食肉センター
米国 EU	京都市中央卸売市場　第二市場
米国 EU	和牛マスター食肉センター
米国 EU	㈱ミヤチク　都農工場
米国 EU	㈱阿久根食肉流通センター
米国 EU	㈱ナンチク
米国 EU	サンキョーミート㈱
米国 EU	㈱ＪＡ食肉かごしま　南薩工場
米国	㈱いわちく
米国	㈱大分県畜産公社
米国	㈱熊本畜産流通センター
米国	㈱ミヤチク　高崎工場

2023 年 3 月末時点
●対米国・EU 輸出可能な施設
○対米国輸出可能な施設

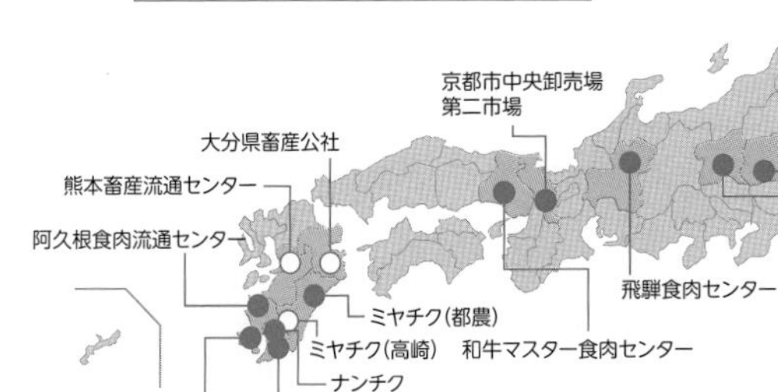

資料：農林水産省作成資料

新たな輸出額目標とその意義

人口減少や高齢化に伴い国内の食市場が縮小していく中、農林水産物・食品の輸出額を2025年までに2兆円、2030年までに5兆円を目指すとする目標が2020年に定められた。

輸出額目標の設定の背景

・拡大する世界の食市場に向けて農林水産物・食品を輸出していくことが、日本の農林水産業及び食品産業の持続的な発展のために重要
・日本の農林水産物・食品の輸出割合は他国と比較しても低いため、輸出増加のポテンシャルは高い　など

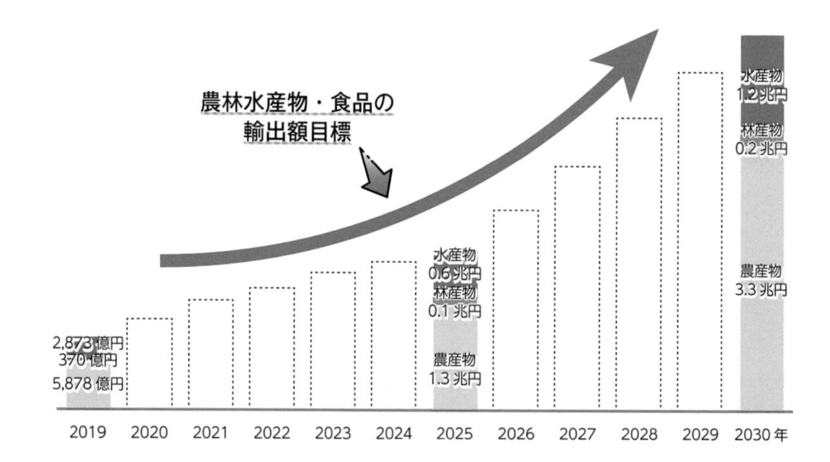

主要先進国の主要農産物・食品の輸出割合（2019）

（億ドル）

国　名	生産額	輸出額	輸出割合
アメリカ	12,489	1,424	11%
フランス	2,590	668	26%
イタリア	2,040	494	24%
イギリス	1,358	288	21%
オランダ	901	781	87%
日　本	4,348	69	**2%**

輸出拡大の素地あり

資料：FAOSTAT（生産額、輸出額：主要農産物）UNIDO（国際連合工業開発機関）ISIC Revision3（生産額、輸出額：食品製造業（含水産業）・木材産業）
注　：FAOSTAT の輸出額は生産額の対象品目と同一とした。UNIDO は ISIC Revision3 の「15」「16」「20」で計算。FAOSTAT と UNIDO の重なる品目がないように調整（生乳など）。

５兆円目標の意義

2019 年の輸出額は 0.9 兆円で、国内生産額（51.5 兆円）に占める輸出割合は約２％となった。

2030 年までに国内生産額の 10％を海外市場へ販売することで輸出目標５兆円を達成するとともに、国内の農林水産業・食品産業を活性化することにつながる。

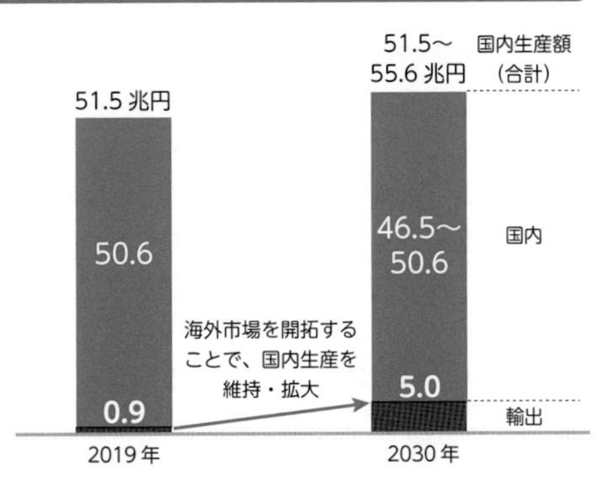

資料：農業＝農業総産出額（生産農業所得統計）
林業＝木材・木製品製造業（家具を除く）の製造品出荷額等（工業統計）
及び栽培きのこ類の産出額（林業産出額）
漁業＝漁業産出額（漁業産出額）
食品製造業＝国内生産額（農業・食料関連産業の経済計算）
注１：食品製造業の原料の一部に農業、林業、漁業生産物が含まれる。
注２：2030 年の国内生産額は試算値。

3-2 輸出目標と実行戦略

輸出拡大戦略の策定

農林水産物・食品の輸出額を2025年までに2兆円、2030年までに5兆円とする目標の達成に向け、20年12月に農林水産物・食品の輸出拡大実行戦略が策定された。最新（22年12月改訂）の輸出拡大実行戦略について解説する。

農林水産物・食品の輸出促進

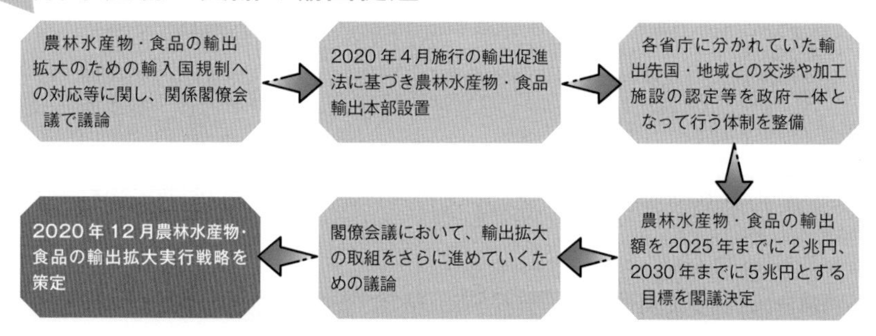

輸出拡大実行戦略の趣旨

2025年2兆円、2030年5兆円目標の達成に向けては、これまでの国内市場のみに依存する農林水産業の構造から、成長する海外市場で求められるスペック（量・価格・品質・規格）の産品を専門的・継続的に生産・輸出する、マーケットインの発想で輸出に取り組む体制に転換するという考え方の下、右の3つの基本的考え方に基づいて政策を立案・実行していく。

輸出拡大実行戦略の策定と改訂

2020年11月	関係閣僚会議で戦略を取りまとめ
2020年12月	「農林水産業・地域の活力創造本部」において策定
2021年5月	関係閣僚会議で農林水産物・食品の輸出拡大実行戦略フォローアップを取りまとめ
2021年12月	「農林水産業・地域の活力創造本部」において改訂
2022年6月	輸出促進法等の一部改正法の成立を受け、「農林水産業・地域の活力創造本部」において改訂
2022年12月	「食料安定供給・農林水産業基盤強化本部」において改訂

３つの基本的な考え方と具体的施策

１．日本の強みを最大限に発揮するための取組
① 輸出重点品目（29品目）と輸出目標の設定
② 輸出重点品目に係るターゲット国・地域、輸出目標、手段の明確化
③ 品目団体の組織化とその取組の強化
④ 輸出先国・地域における専門的・継続的な支援体制の強化
⑤ JETRO・JFOODOと認定農林水産物・食品輸出促進団体等の連携
⑥ 日本食・食文化の情報発信におけるインバウンドとの連携

２．マーケットインの発想で輸出にチャレンジする事業者の支援
⑦ リスクを取って輸出に取り組む事業者への投資の支援
⑧ マーケットインの発想に基づく輸出産地・事業者の育成・展開
⑨ 大ロット・高品質・効率的な輸出等に対応可能な輸出物流の構築
⑩ 輸出向けに生産・流通を転換するフラッグシップ輸出産地の形成
⑪ 輸出を後押しする農林水産事業者・食品事業者の海外展開の支援

３．政府一体となった輸出の障害の克服
⑫ 輸出先国・地域における輸入規制の撤廃
⑬ 輸出加速を支える政府一体としての体制整備
⑭ 輸出先国・地域の規制やニーズに対応した加工食品等への支援
⑮ 日本の強みを守るための知的財産対策強化

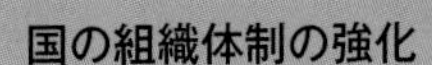

国の組織体制の強化

3-3 輸出目標と実行戦略

日本の輸出品の現状

日本の輸出品目は、加工食品を中心に多岐にわたっており、それぞれの輸出額は小さい。また、他の輸出先進国がそれぞれの国の強みを有する産品を相当程度輸出しているのに対し、日本では、強みを有する産品のシェアが小さい。

日本の輸出状況

- 日本の農林水産物・食品の輸出は、国内市場向け産品の余剰品を輸出することが多く、マーケットインによる輸出の体制が整備されていない。
- 加工食品を中心に輸出品目が多岐にわたり、強みを有する産品のシェアが小さい。

日本

農業生産額 4,073億ドル

輸出比率 1.2%

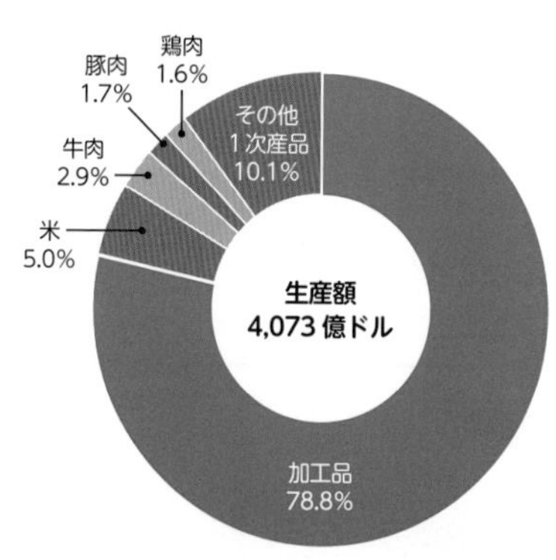

主要な輸出品目は、調製食料品、ペストリー（小麦生地の菓子等）、清涼飲料水等の多様な加工品。

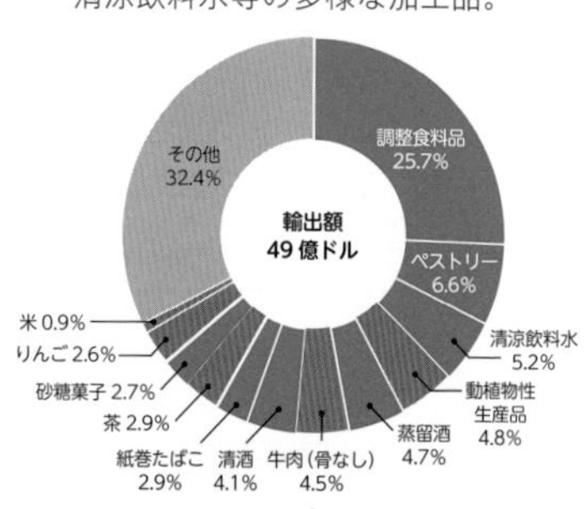

資料：FAOSTATより作成（生産額は2014年、輸出額は2018年）
注　：FAOのデータのため、林産物・水産物は含まれない

米など日本らしい
産品の輸出の比率は小さい

調製食料品…スープ、ケチャップ、ソース類、ベーキングパウダー等
ペストリー…ビスケット、ワッフル、米菓（あられ・せんべい）等

アメリカ

農業生産額　１兆 2,928 億ドル

輸出比率 11%

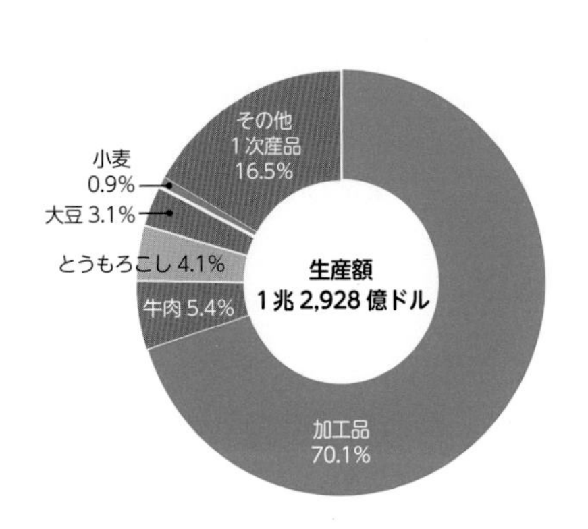

主要な輸出品目は、大豆、とうもろこし、小麦等の土地利用型の作物や牛肉など。

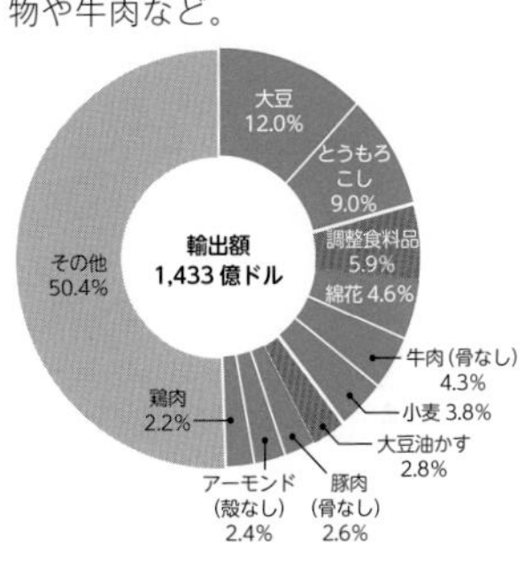

アメリカの広大な土地を
利用した産品

フランス

農業生産額　2,740 億ドル

輸出比率 25%

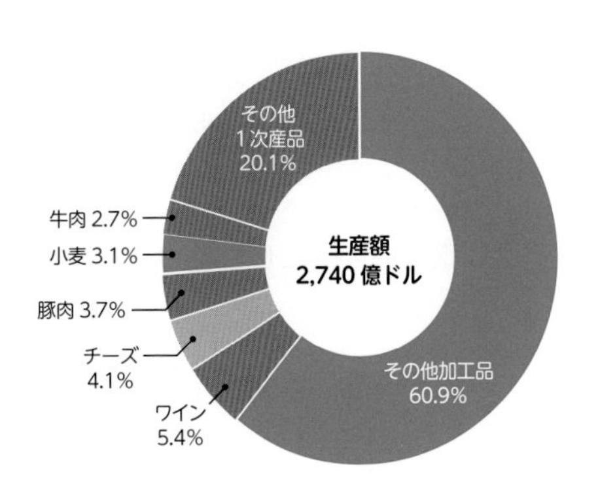

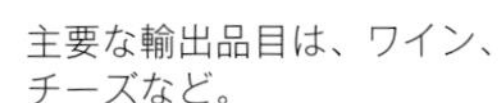

主要な輸出品目は、ワイン、チーズなど。

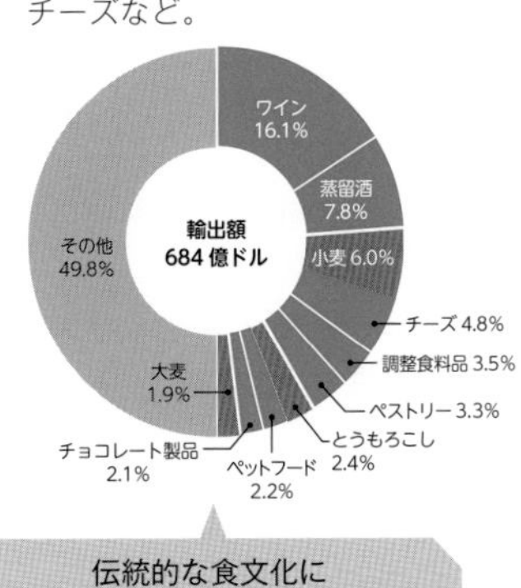

伝統的な食文化に
支えられた加工品

輸出重点品目の選定

今後は、海外で評価される日本の強みがある品目を中心に輸出を加速させて全体の輸出を伸ばす。輸出拡大の余地が大きく、関係者が一体となった輸出促進活動が効果的な品目として、次の29品目を輸出重点品目に選定している。

輸出重点品目

牛　肉
和牛として世界中で認められ、人気が高く、引き続き輸出の伸びに期待。

豚肉、鶏肉
とんかつ、焼き鳥など日本の食文化とあわせて海外の日本ファンにアピールすることで、今後の輸出の伸びに期待。

鶏　卵
半熟たまごが浸透し、生食できる卵としての品質が評価され、更なる輸出の伸びに期待。

牛乳・乳製品
香港や台湾で品質が高評価。アジアを中心に輸出の可能性が広がる。

果樹（りんご、ぶどう、もも、かんきつ、かき・かき加工品）、野菜（いちご）
甘くて美味しく、見た目も良い日本の果実は海外でも人気。

野菜（かんしょ等）
焼き芋がアジアで大人気。輸出が急増している。

その他の野菜（たまねぎ等）についても、水田等を活用して輸出産地の形成に積極的に取り組む

切り花
外国にはない品種に強み。輸出の伸び率が高い。

茶
健康志向の高まりと日本文化の浸透とともに欧米を中心にせん茶、抹茶が普及している。

コメ・パックご飯・米粉及び米粉製品
冷めても美味しい日本産米は寿司やおにぎり等に向き、日本食の普及とともに拡大が可能。

製　材

スギやヒノキは、日本式木造建築だけでなく、香りの癒しの効果も人気で、今後の輸出の伸びに期待。

合　板

合板の加工・利用技術は、日本の得意分野。日本式木造建築とともに、今後の輸出の伸びに期待。

ぶ　り

脂がのっている日本独自の魚種。近年、アメリカ等への輸出額が増加している。

た　い

縁起の良い赤色は中華圏でも好まれる。活魚輸出の増加に期待。

ホタテ貝

高品質な日本産ホタテ貝は世界で高く評価。水産物では輸出額ナンバーワン。

真　珠

真珠養殖は日本発祥。日本の生産・加工技術が国際的に高評価。

錦　鯉

日本文化の象徴としてアジア、欧州を中心に海外で人気。

清涼飲料水

緑茶飲料など日本の味が人気となり、伸び率が高い。

菓　子

日本独自の発展を遂げ、他国にはない独創性、バラエティ豊かな商品とコンテンツの普及とともに海外で人気。

ソース混合調味料

カレールウなど日本食の普及とともに日本を代表する味に成長。

味噌・醤油

日本が誇る発酵食品。和食文化の浸透とともに欧米・アジア地域で人気も上昇。

清酒（日本酒）

「SAKE」は日本食のみならず各国の料理に合う食中酒等として世界中で認知が拡大中。

ウイスキー

日本産品の品質が世界中でブランドとして定着。

本格焼酎・泡盛

原料の特徴を残すユニークな蒸留酒としての評価があり、今後の輸出拡大に期待。

4-1 輸出重点品目

ターゲット国・地域、輸出目標、手段の明確化

輸出重点品目ごとに、海外の市場動向や輸出環境等を踏まえ、輸出拡大を重点的に目指す主なターゲット国・地域毎の輸出目標を設定した。現地での販売を伸ばすための課題と、その克服のための取組も明確化した。

輸出重点品目の変遷

2020年12月

「農林水産業・地域の活力創造本部」において輸出拡大実行戦略が策定され、以下の27品目が輸出重点品目に位置づけられた。

（当時の輸出重点品目）

牛肉、豚肉、鶏肉、鶏卵、牛乳・乳製品、りんご、ぶどう、もも、かんきつ、いちご、かんしょ等、切り花、茶、コメ・パックご飯・米粉及び米粉製品、製材、合板、ぶり、たい、ホタテ貝、真珠、清涼飲料水、菓子、ソース混合調味料、味噌・醤油、清酒（日本酒）、ウイスキー、本格焼酎・泡盛

2021年12月

「農林水産業・地域の活力創造本部」において輸出拡大実行戦略が改訂され、かき・かき加工品（果樹）が輸出重点品目に追加された（計28品目）。

2022年12月

「食料安定供給・農林水産業基盤強化本部」において輸出拡大実行戦略が改訂され、錦鯉が輸出重点品目に追加された（計29品目）。

農林水産物・食品輸出促進団体の認定制度

改正輸出促進法に基づき、輸出拡大実行戦略で定める輸出重点品目についてオールジャパンによる輸出促進活動を行う体制を備えた団体を「認定農林水産物・食品輸出促進団体」として認定する制度を創設し、品目団体の組織化や取組の強化を図る。

詳細については、改正輸出促進法の解説に記載。

次頁より、重点品目別に輸出拡大実行戦略の輸出目標等、概略を述べる。

牛　肉　【目標額】297 億円（2019 年実績）→　**1,600 億円（2025 年）**

国別輸出額目標とニーズ・規制に対応するための課題・方策

共通の取組

・肉用繁殖雌牛の増頭、受精卵の増産・利用等の推進
・食肉処理施設の再編・改修等及び関係者が一堂に会した５者協議の促進による輸出認定施設の増加
・コンソーシアムを産地ごとに構築し、輸出先国での現地プロモーション、商談等（B to B）を実施

国　名	2019 年	2025 年	ニーズ・規制対応への課題・方策
香　港	51 億円	330 億円	消費者向け販促プロモーションの強化（B to C）、スライス肉・食肉加工品など新たな品目の輸出促進（加工品ロゴマークの作成）
台　湾	37 億円	239 億円	
アメリカ	31 億円	185 億円	和牛の認知度が低い地域でのオールジャパンのプロモーション、e コマースの更なる促進、様々な部位も含めた輸出促進
Ｅ　Ｕ	21 億円	104 億円	
中　国	－	400 億円	輸出再開（再開後、輸出認定施設数の増加）
その他※	158 億円	343 億円	和牛の認知度が低い地域でのオールジャパンでのプロモーション、正しい和牛の知識の普及

※シンガポール、マカオ等

輸出産地の育成・展開　　**＜輸出産地数＞** 19 産地（2022 年 12 月現在）

＜今後育成すべき国内産地＞

・コンソーシアムを産地で構築
・食肉処理施設での高度な衛生水準への対応など輸出先国が要求する条件への対応

＜生産基盤の強化やロットの拡大、産地間連携の実現に向けた方策＞

・畜産クラスターによる牛舎等施設整備、国産飼料の生産利用促進
・ロボット、AI 等の先端技術を活用した省力化対策
・家畜排せつ物処理施設の機能強化　など

> **コンソーシアム**
> 生産者・関連施設・輸出事業者等を構成員として、連携して輸出促進を図る事業共同体

加工・流通施設の整備及び輸出認定の取得

・食肉処理施設の整備等により、需要が旺盛な欧米、アジア向けを中心に輸出認定数を増加
・ニーズが高いスライス肉等の輸出が可能な施設の増加

品目別団体を中心とした販路開拓

・コンソーシアムによる産地と一体となった個別具体の商談等を実施
・日本畜産物輸出促進協議会による既存の輸出国・地域に対する B to B に加えた消費者向けプロモーションの強化
・JFOODO による産地と連携したプロモーション等による新たな国・地域の開拓

> **オールジャパンでの和牛の認知度向上**

豚　肉　【目標額】16 億円（2019 年実績）→　**29 億円（2025 年）**

国別輸出額目標とニーズ・規制に対応するための課題・方策

国　名	2019 年	2025 年	ニーズ・規制対応への課題・方策
香　港	12 億円	21 億円	・コンソーシアムを産地ごとに構築し現地プロモーション、商談等（B to B）を実施 ・スライス肉・食肉加工品など新たな品目の輸出促進（加工品ロゴマークの作成）、消費者向け販促プロモーションの強化（B to C）
シンガポール	2 億円	3 億円	香港の取組に加え、食肉処理施設の再編・改修等及び食肉処理施設関係者が一堂に会した 5 者協議の促進による輸出認定施設増加
タ　イ	0 円	0.5 億円	
台　湾	0.03 億円	0.7 億円	
その他	2 億円	3 億円	輸出解禁　※ CSF 清浄化が前提

輸出産地の育成・展開　　　　　**<輸出産地数>** 5 産地（2022 年 12 月現在）

<今後育成すべき国内産地>

・コンソーシアムを産地で構築

・食肉処理施設での高度な衛生水準への対応など輸出先国が要求する条件に対応

<生産基盤の強化やロットの拡大、産地間連携の実現に向けた方策>

　世界的な内食化の進行等を背景に輸出の伸びが見込める豚肉加工品を含めた豚肉全体の輸出を促進

加工・流通施設の整備及び輸出認定の取得

・食肉処理施設の整備等により、需要が旺盛なアジア向けを中心に輸出認定数を増加

・ニーズが高いスライス肉等の輸出が可能な施設の増加

品目別団体を中心とした販路開拓

・コンソーシアムによる産地と一体となった個別具体の商談等を実施

オールジャパンでの日本産豚肉の認知度向上

・日本畜産物輸出促進協議会による既存の輸出国・地域に対する B to B に加えた消費者向けプロモーションの強化

・JFOODO による産地と連携したプロモーション等による新たな国・地域の開拓

鶏　肉　【目標額】21 億円（2019 年実績）→　**45 億円（2025 年）**

国別輸出額目標とニーズ・規制に対応するための課題・方策

国　名	2019 年	2025 年	ニーズ・規制対応への課題・方策
香　港	14 億円	24 億円	・コンソーシアムを構築し輸出先国での現地プロモーション、商談等（B to B）を実施 ・正肉の輸出促進に向けた消費者向けプロモーション活動の強化（B to C） ・低コスト化を実現し、価格競争力を有する鶏肉生産を行う認定施設の増加
ベトナム	２億円	６億円	
シンガポール	０円	２億円	上記に加え、国際基準を満たす製品を製造・輸出できる認定施設を増加
Ｅ　Ｕ	０円	２億円	
その他	６億円	10 億円	輸出解禁、施設認定

輸出産地の育成・展開　　**＜輸出産地数＞** ８産地（2022 年 12 月現在）

＜今後育成すべき国内産地＞

・低コスト化の実現による価格競争力の強化や、相手国の求める高度な衛生水準に対応する輸出認定施設を増加

・コンソーシアムを構築

・農場及び食鳥処理施設における微生物コントロールをはじめとした高度な衛生水準への対応など相手先国が求める要件に対応

加工・流通施設の整備及び輸出認定の取得

食鳥処理場の整備等により、需要が旺盛なアジアや需要の開拓が見込める EU を中心に輸出認定数を増加

品目別団体を中心とした販路開拓

・コンソーシアムによる個別具体の商談、産地や銘柄の特色を活かしたプロモーションを実施

・日本畜産物輸出促進協議会による既存の輸出国・地域に対する B to B に加えた消費者・外食向けのプロモーションの強化

オールジャパンでの日本産鶏肉の認知度向上

・JFOODO による産地と連携したプロモーション等による新たな国・地域の開拓

牛乳・乳製品　【目標額】184億円（2019年実績）→ **328億円（2025年）**

国別輸出額目標とニーズ・規制に対応するための課題・方策

国名		2019年	2025年	ニーズ・規制対応への課題・方策
全体	ベトナム	76億円	134億円	これまで堅調に推移しているこれらアジア等向け輸出に加え、輸出が停止となっている中国向け輸出の早期再開が必要
	香港	36億円	50億円	
	台湾	30億円	67億円	
	その他	42億円	77億円	
育児用粉乳	小計	112億円	196億円	現在もアジア等を中心に堅調に増加しているが今後更なる輸出拡大を実現するために、原発事故以来、輸出停止となっている中国向け輸出が早期に再開することが必要
	ベトナム	74億円	129億円	
	台湾	15億円	34億円	
	香港	14億円	16億円	
	その他	9億円	16億円	
LL牛乳等	小計	14億円	19億円	・輸出増加に向けて、原料となる生乳生産量の確保が必要 ・液体物である牛乳は輸送コストが高くなりやすいことから、他品目との混載等、輸送状況の改善が必要 ・相手国の趣向にあわせた殺菌方法での製品の提供が必要（例：香港 LL牛乳、台湾・シンガポール チルド〈UHT〉牛乳）
	香港	10億円	13億円	
	台湾	2億円	3億円	
	シンガポール	1億円	2億円	
	その他	1億円	1億円	日本産製品の認知度向上に向けた取組が必要
チーズ	小計	11億円	22億円	・現在も輸出は堅調に増加しているが、旺盛な国内需要に応えるため国内需要者を優先している状況にある ・相手国の趣向にあわせた種類のチーズの安定的提供が必要
	台湾	3億円	9億円	
	香港	4億円	7億円	
	タイ	1億円	3億円	
	その他	2億円	3億円	日本産製品の認知度向上に向けた取組が必要

輸出産地の育成・展開

＜輸出産地数（モデル産地数）＞ ２産地、５社（2022年12月現在）

＜今後育成すべき国内産地＞

〔LL牛乳等〕

主要産地である北海道及び九州において、輸出実績のある個別の乳業を中心に商社や生産者団体等と連携した個別コンソーシアムをそれぞれ複数構築し、輸出体制を強化。香港、台湾等で浸透している北海道・九州ブランドを活かしつつ、殺菌温度等、輸出先国の趣向にあわせた製品の安定的な供給を図り、更なる輸出拡大を目指す

〔チーズ〕

主要産地である北海道において、輸出実績のある個別の乳業を中心に商社や生産者団体等と連携した個別コンソーシアムを複数構築し、輸出体制を強化。輸出先国の趣向にあわせたチーズの継続的な製造を行い、更なる輸出拡大を目指す

〔育児用粉乳〕

輸入原料を主体とする加工品であり、製造事業者を輸出の担い手と位置付ける

＜産地の育成に必要な取組＞

・各産地における個別コンソーシアムの構築・活動を推進するため、国別販売戦略の検討、輸送等の技術的課題解決に向けた取組を支援

加工・流通施設の整備

・輸出の際の運送費低減のための技術開発、他品目との混載等の取組を推進
・輸出先国が求める条件（ハラル対応等）を満たすための取組を推進

品目別団体を中心とした販路開拓

・畜産物輸出促進協議会乳製品輸出部会の下に、品目ごとに業界団体を中心とした品目コンソーシアムを構築
・各品目コンソーシアムで検討した販売戦略を畜産物輸出促進協議会乳製品輸出部会が取りまとめ、輸出先でのマーケティング、メーカー・産地横断的なプロモーション活動についてJETRO・JFOODOと連携して実施

鶏　卵　【目標額】23億円（2019年実績）→ **63億円（2025年）**

国別輸出額目標とニーズ・規制に対応するための課題・方策

<table>
<tr><th>国　名</th><th>2019年</th><th>2025年</th><th>ニーズ・規制対応への課題・方策</th></tr>
<tr><td>香　港</td><td>22億円</td><td>55億円</td><td rowspan="2">・コンソーシアムを産地ごとに構築し、安定的な供給や輸送コストの低減や、輸出先国での現地プロモーション・商談（B to B）等を行う
・鶏卵の輸出促進に向けた消費者・外食向けのプロモーション活動の強化（B to C）</td></tr>
<tr><td>台　湾</td><td>0.5億円</td><td>1億円</td></tr>
<tr><td>シンガポール</td><td>0.2億円</td><td>5億円</td><td rowspan="2">上記の取組に加え、高度な衛生水準への対応等、相手先国の要件を満たす認定農場・施設を増加</td></tr>
<tr><td>アメリカ</td><td>0.3億円</td><td>1億円</td></tr>
<tr><td>その他</td><td>0.3億円</td><td>2億円</td><td>輸出解禁、施設認定</td></tr>
</table>

輸出産地の育成・展開　　**<輸出産地数>** 6産地（2022年12月現在）

<今後育成すべき国内産地>

・コンソーシアムを産地ごとに構築

・農場・鶏卵処理施設での高度な衛生管理への対応等、輸出先国が要求する条件に対応

<生産基盤の強化やロットの拡大、産地間連携の実現に向けた方策>

コンソーシアムの構築による、輸出用鶏卵の安定的な数量を確保や輸送コストの低減

加工・流通施設の整備及び輸出認定の取得

高度な衛生水準への対応等により、需要が旺盛なアジアや、需要の開拓が見込めるアメリカを中心に農場・鶏卵処理施設の輸出認定数を増加

品目別団体を中心とした販路開拓

・コンソーシアムによる産地と一体となった個別具体の商談、プロモーションを実施

・日本畜産物輸出促進協議会による既存の輸出国・地域に対するB to Bに加えた消費者向けプロモーションの強化

・JFOODOによる産地と連携したプロモーション等による新たな国・地域の開拓

オールジャパンでの日本産鶏卵の認知度向上

果樹（りんご）　【目標額】145 億円（2019 年実績）→　177 億円（2025 年）

国別輸出額目標とニーズ・規制に対応するための課題・方策

国　名	2019 年	2025 年	ニーズ・規制対応への課題・方策
台　湾	99 億円	120 億円	春節の贈答用需要の高い大玉かつ赤色の高価格帯商品を維持増加する一方、贈答用以外の需要への対応として、値頃感のある中小玉果の生産・供給体制を強化
香　港	37 億円	45 億円	・香港で好まれる甘い黄色系品種の安定供給、値頃感のある中小玉果の生産・供給体制を強化 ・原発事故に伴う香港の輸入停止措置の解除による福島県産の輸出再開を期待
タ　イ	4.5 億円	5.5 億円	富裕層向けを基本としつつ、現地の消費者が買い求めやすい価格帯の中小玉果の生産・供給体制を強化
その他※	4.9 億円	6.4 億円	贈答用としての日本産りんごの定着と求めやすい価格帯の販売を通じた中間層の取り込み拡大

※ベトナム、シンガポール、インドネシア等

輸出産地の育成・展開　　**＜輸出産地数＞** 8 産地（2022 年 12 月現在）

＜今後育成すべき国内産地＞

　りんごの主要産地で、既存園地の活用や水田へ新植、新わい化栽培等の省力樹形の導入による生産力の強化、中間層をターゲットに値頃感のある中小玉果の高効率で省力的な栽培等に戦略的に取り組む産地等を育成

＜生産基盤の強化やロットの拡大、産地間連携の実現に向けた方策＞

・省力樹形導入による輸出専用園地の拡大等により、国内供給量を確保し、輸出用果実を増産
・産地と輸出事業者等が連携した輸出コンソーシアムの形成
・他品目の果実の輸出に取り組む産地との連携により、国産果実の通年輸出を実現

輸出コンソーシアム
生産から輸出までが円滑に進むよう、産地と輸出事業者等が連携

加工・流通施設の整備

　CA 貯蔵や新技術により長期鮮度保持を可能とする貯蔵施設等を整備

品目別団体を中心とした販路開拓

・りんご部会で検討した輸出戦略に基づき（一社）日本青果物輸出促進協議会を通じて輸送実証、プロモーション活動などを支援
・輸出先でのマーケティング、プロモーション活動は JETRO・JFOODO と連携して実施

りんご部会は（一社）日本青果物輸出促進協議会内の輸出事業者、りんご産地、県協議会、流通業者等で構成

果樹（ぶどう）【目標額】32億円（2019年実績）→ **125億円（2025年）**

国別輸出額目標とニーズ・規制に対応するための課題・方策

国名	2019年	2025年	ニーズ・規制対応への課題・方策
香港	17億円	74億円	・シャインマスカットに加え、中秋節の贈答用として定着している大粒で高糖度の巨峰、ピオーネ等の供給拡大 ・シャインマスカットに続く新たな優良品種について、早期生産拡大及び認知度向上を促進 ・輸送中の鮮度を保持するための最適条件の体系化
台湾	12億円	35億円	・台湾の残留農薬基準に適合可能な産地・園地の拡大 ・インポートトレランス申請の加速化 ・輸送中の鮮度を保持するための最適条件の体系化
タイ	1.5億円	5.8億円	・生産園地の登録等のタイの検疫条件に対応可能な産地の拡大 ・輸送中の鮮度を保持するための最適条件の体系化
シンガポール	1.4億円	6.4億円	輸送中の鮮度を保持するための最適条件の体系化
その他※	0.7億円	3.2億円	・日本ブランドの認知度向上・定着 ・中国、ベトナムへの輸出解禁による拡大に期待

※マカオ、マレーシア等

輸出産地の育成・展開

<輸出産地数> 6産地（2022年12月現在）

＜今後育成すべき国内産地＞

ぶどうの主要産地で、既存園地や水田転換園地等を活用し、省力樹形（根域制限栽培、ジョイント栽培等）の導入による生産力の強化等に戦略的に取り組む産地等を育成

＜生産基盤の強化やロットの拡大、産地間連携の実現に向けた方策＞

- 労働生産性の高い園地の育成により早期成園化を図り、国内供給量を確保し、輸出用果実を増産
- 産地と輸出事業者等が連携した輸出コンソーシアムの形成
- ぶどうの船便輸送に適合可能な最適条件の体系化
- 他品目の果実の輸出に取り組む産地との連携により、国産果実の通年輸出を実現

高品質なシャインマスカットの安定供給、新たな品種の早期生産を拡大し、ラインナップを充実

加工・流通施設の整備

春節需要等への対応に向け、出荷期間の延長を図るため長期鮮度保持機能を備えた貯蔵施設等を整備

ぶどう部会は（一社）日本青果物輸出促進協議会内の輸出事業者、ぶどう産地、県協議会、流通業者等で構成

品目別団体を中心とした販路開拓

- ぶどう部会で検討した輸出戦略に基づき（一社）日本青果物輸出促進協議会を通じて輸送実証、プロモーション活動などを支援
- 輸出先でのマーケティング、プロモーション活動はJETRO・JFOODOと連携して実施

果樹（もも）【目標額】19 億円（2019 年実績）→ **61 億円（2025 年）**

国別輸出額目標とニーズ・規制に対応するための課題・方策

国　名	2019 年	2025 年	ニーズ・規制対応への課題・方策
香　港	14 億円	44 億円	・ももは非常にデリケートな果物のため、鮮度保持輸送の最適条件の体系化が重要 ・原発事故に伴う香港の輸入停止措置の解除による福島県産の輸出再開を期待
台　湾	4.3 億円	14 億円	・モモシンクイガの適切な防除等の輸出検疫条件に対応可能な産地の拡大 ・鮮度保持輸送の最適条件の体系化 ・原発事故に伴う台湾の輸入停止措置の解除による福島県産の輸出再開を期待
シンガポール	0.5 億円	1.7 億円	鮮度保持輸送の最適条件の体系化
その他※	0.6 億円	1.9 億円	・日本ブランドの認知度向上・定着 ・鮮度保持輸送の最適条件の体系化

※タイ、マレーシア等

輸出産地の育成・展開　　**＜輸出産地数＞** 6 産地（2022 年 12 月現在）

＜今後育成すべき国内産地＞

生産技術等の栽培に関する基盤が確立されている主要産地で、既存園地や水田転換園地等を活用して省力樹形（根域制限栽培等）の導入等により生産力を強化し、輸出用園地の拡大に戦略的に取り組む産地等を育成

＜生産基盤の強化やロットの拡大、産地間連携の実現に向けた方策＞

・労働生産性の高い園地の育成による国内供給量の確保とともに、輸出先の規制に対応した防除暦の作成、輸出用園地の拡大、選果体系の確立等により、輸出用果実を増産
・産地と輸出事業者等が連携した輸出コンソーシアムの形成
・ももの鮮度保持輸送の最適条件の体系化
・他品目の果実の輸出に取り組む産地との連携により、国産果実の通年輸出を実現

加工・流通施設の整備

輸出先が求める高品質な果実の厳選出荷、選果に係る省人化が可能な高性能選果施設等を整備

もも部会は（一社）日本青果物輸出促進協議会内の輸出事業者、もも産地、県協議会、流通業者等で構成

品目別団体を中心とした販路開拓

・もも部会で検討した輸出戦略に基づき（一社）日本青果物輸出促進協議会を通じて輸送実証、プロモーション活動などを支援
・輸出先でのマーケティング、プロモーション活動は JETRO・JFOODO と連携して実施

果樹（かんきつ）　【目標額】6.7 億円（2019 年実績）→　**39 億円（2025 年）**

国別輸出額目標とニーズ・規制に対応するための課題・方策

国　名	2019 年	2025 年	ニーズ・規制対応への課題・方策
香　港	2.7 億円	16 億円	うんしゅうみかんと中晩柑の組み合わせによる輸出期間の長期化
台　湾	2.3 億円	14 億円	・台湾の残留農薬基準に適合可能な産地の拡大、インポートトレランス申請の加速化 ・うんしゅうみかんと中晩柑の組み合わせによる輸出期間の長期化
シンガポール	0.6 億円	3.6 億円	中晩柑の供給拡大による春節の需要期への対応強化
マレーシア	0.3 億円	1.5 億円	日本ブランドの定着、中晩柑の供給拡大による春節需要期への対応強化
カナダ	0.3 億円	1.5 億円	日本産果実としてうんしゅうみかんが定着していることから、船便による鮮度保持輸送の最適条件の体系化より、輸出量を回復
フランス（EU）	0.1 億円	0.7 億円	・柚子等のかんきつの販路拡大 ・生産園地登録等の EU 向けの検疫条件に対応可能な産地の拡大
その他※	0.4 億円	2.3 億円	日本ブランドの認知度向上・定着

※タイ、アメリカ、ニュージーランド等

輸出産地の育成・展開　　　**＜輸出産地数＞** 15 産地（2022 年 12 月現在）

＜今後育成すべき国内産地＞

かんきつの主要産地で、栽培条件の改善や省力樹形（根域制限栽培、主幹形栽培等）の導入等により生産力を強化し、輸出用園地の拡大に戦略的に取り組む産地等を育成

＜生産基盤の強化やロットの拡大、産地間連携の実現に向けた方策＞

・中晩柑等の優良品種への転換促進、労働生産性の高い園地の育成による国内供給量確保とともに、輸出先の規制に対応した防除暦の作成、輸出用園地の拡大等により輸出用果実を増産
・産地と輸出事業者等が連携した輸出コンソーシアムの形成
・船便での鮮度保持輸送の最適条件の体系化。複数産地のリレーによる販売期間の長期化、他品目の産地との連携により国産果実の通年輸出を実現

加工・流通施設の整備

・人工知能を搭載した高性能選果・貯蔵施設等を整備

品目別団体を中心とした販路開拓

・かんきつ部会で検討した輸出戦略に基づき（一社）日本青果物輸出促進協議会を通じて輸送実証、プロモーション活動などを支援
・輸出先でのマーケティング、プロモーション活動は JETRO・JFOODO と連携して実施

かんきつ部会は、（一社）日本青果物輸出促進協議会内の輸出事業者、かんきつ産地、県協議会、流通業者等で構成

果樹（かき・かき加工品）【目標額】4.4 億円（2020 年実績）→ **14.1 億円（2025 年）**

国別輸出額目標とニーズ・規制に対応するための課題・方策

国　名	2020 年	2025 年	ニーズ・規制対応への課題・方策
香　港	2.4 億円	7.2 億円	・渋柿から甘柿まで複数の品種及び干し柿を含むリレー出荷 ・日本のオリジナル性の高い品種の積極的プロモーション
タ　イ	1.6 億円	4.9 億円	・タイで好まれる固い食感の品種の安定供給、ハウス柿から干し柿等加工品を含むリレー出荷による輸出期間拡大 ・生産園地の登録等の輸出検疫条件に対応可能な産地の拡大、食品衛生の基準に適合していることの証明書の取得施設の拡大
シンガポール	0.2 億円	0.8 億円	・相手国のマーケットや嗜好の把握、日本ブランドの認知度向上 ・日本のオリジナル性の高い品種の積極的プロモーション ・複数の品種及び干し柿の等の加工品を含むリレー出荷
マレーシア	0.04 億円	0.3 億円	・相手国のマーケットや嗜好の把握、日本ブランドの認知度向上 ・複数の品種及び干し柿等の加工品を含むリレー出荷
アメリカ、その他※	0.1 億円	0.9 億円	・生産園地の登録等のアメリカの検疫条件に対応可能な産地拡大 ・品質・鮮度保持輸送技術の確立、効果の安定化 ・台湾産干し柿との差別化による需要拡大（台湾）

※台湾、マカオ等

輸出産地の育成・展開　　**＜輸出産地数＞** 10 産地（2022 年 12 月現在）

＜今後育成すべき国内産地＞

輸出に積極的に取り組む産地で、省力樹形（低樹高ジョイント栽培等）の導入等による生産力の強化、輸出用園地の拡大等に戦略的に取り組む産地等を育成

＜生産基盤の強化やロットの拡大、産地間連携の実現に向けた方策＞

・労働生産性の高い園地の育成により国内供給量を確保し、輸出用果実を増産
・高品質果実の安定生産体制を確立
・輸送中の軟化等を防止するための品質・鮮度保持輸送技術の確立
・産地と輸出事業者が連携した輸出コンソーシアムの形成を進め、かき産地及び他品目の果実産地との連携により、国産果実の通年出荷を実現

太秋柿は大玉でサクサクとした食感が海外で人気

加工・流通施設の整備

・輸出先が求める高品質な果実の厳選選果が可能な高性能選果・梱包施設等の整備
・干し柿の輸出拡大に向けたHACCP 等の国際規格を満たす加工施設の整備等

品目別団体を中心とした販路開拓

・かき部会で検討した輸出戦略に基づき（一社）日本青果物輸出促進協議会が実施する、かきの鮮度保持輸送実証、輸出先でのプロモーション活動などを支援
・輸出先でのマーケティング、プロモーション活動はJETRO・JFOODO と連携して実施

（一社）日本青果物輸出促進協議会のかき部会はかき産地、輸出事業者等が参画

野菜（かんしょ・かんしょ加工品・その他の野菜）

【目標額】17 億円（2019 年実績）→ **28 億円（2025 年）**

国別輸出額目標とニーズ・規制に対応するための課題・方策（かんしょ）

国　名	2019 年	2025 年	ニーズ・規制対応への課題・方策
香　港	8.3 億円	12.5 億円	・産地による炊飯器で調理できる小さなサイズの輸出や、日系小売店における焼き芋販売により市場を開拓 ・今後、更に安定的な生産・供給に向けた体制を拡大
シンガポール	4.6 億円	7.5 億円	・日系小売店における焼き芋販売や、産地による消費者ニーズに合わせた品種・サイズの輸出により市場を開拓 ・今後、更に焼き芋需要等を捉えた安定的な生産・供給に向けた体制を拡大
タ　イ	2.4 億円	4.5 億円	・日系小売店における焼き芋販売や、産地による消費者ニーズに合わせた品種・サイズの輸出により市場を開拓 ・残留農薬基準が強化されたことから、産地で当該基準を満たす生産方法を推進し、安定的な供給体制を構築
台　湾	0.9 億円	1.5 億円	残留基準がない農薬はインポートトレランスの設定を図るとともに、産地で当該基準を満たす生産方法を推進し、安定的な供給体制を構築
マレーシア	0.6 億円	1.5 億円	今後の日系小売店の出店により販売機会の増加が見込まれることから、焼き芋等に適した品種・サイズを安定的に生産・供給する体制を拡大
カナダ	0.1 億円	0.5 億円	焼き芋機の活用等による販売促進により、日本産かんしょの認知度を高めて市場を開拓
その他	0.1 億円	0.5 億円	植物検疫措置により青果用かんしょを輸出できない米国等に向けては、冷凍焼き芋等の加工品販売を強化

輸出産地の育成・展開

<輸出産地数> 38 産地（2022 年 12 月現在）

<今後育成すべき国内産地>

積極的に輸出に取り組む産地で、輸出先国の消費者が求める品種・サイズを的確に捉えて安定的に生産・調製、更に効率的に集出荷貯蔵できる体制を構築

<生産基盤の強化やロットの拡大、産地間連携の実現に向けた方策>

産地と商社のマッチング、施設整備等による効率的な集出荷体制の構築、品質保持技術の改良・普及、焼き芋機の導入・活用、産地・商社が連携した日本産かんしょの売込み活動等を強化

加工・流通施設の整備

・高品質かんしょの生産に向けたウイルスフリー苗の増殖施設、キュアリング装置を備えた集出荷貯蔵施設を整備
・加工品の輸出拡大に向けた HACCP 等の国際規格を満たす加工施設の新設・改修

品目別団体を中心とした販路開拓

・販路開拓に当たっては、日系小売店での焼き芋販売をはじめ、他の海外の日本食材店や現地スーパーでも日本産かんしょの甘さや食べ方をアピールした販売活動が必要
・日本産かんしょのブランディングに向けては、輸出先取扱業者の売込み活動の強化を図るため、主な産地・商社が連携した枠組みづくりについて、関係者に意見を聞きながら検討

その他の野菜の輸出拡大の実現に向けた方策

・その他の野菜について、水田転換ほ場等を活用し、生産性の高い産地形成に取り組むとともに、マーケットインの発想を持って輸出先国のニーズに合わせた野菜の生産拡大や輸出に戦略的に取り組む産地を育成
・輸出業者と産地が連携して、安定に供給する体制づくりや鮮度などの品質を確保した流通体制の確立などにも取り組む

野菜（いちご） 【目標額】21 億円（2019 年実績）→ **86 億円（2025 年）**

国別輸出額目標とニーズ・規制に対応するための課題・方策

国名	2019年	2025年	ニーズ・規制対応への課題・方策
香港	15 億円	61 億円	産地と直結した輸送体制の構築、いちごの鮮度保持輸送の最適条件の体系化
シンガポール	2 億円	8 億円	
タイ	1.8 億円	7.5 億円	・生産園地の登録等のタイの検疫条件に対応可能な産地の拡大 ・輸送体制の構築、鮮度保持輸送の最適条件の体系化
台湾	1.8 億円	7.5 億円	・台湾の残留農薬基準に適合可能な産地の拡大、インポートトレランス申請の加速化と鮮度保持輸送の最適条件の体系化
アメリカ	0.2 億円	1.3 億円	産地と直結した輸送体制の構築、鮮度保持輸送の最適条件の体系化、日本ブランドの認知度向上・定着
その他※	0.3 億円	1.0 億円	

※マレーシア、マカオ等

輸出産地の育成・展開 **＜輸出産地数＞** 14 産地（2022 年 12 月現在）

＜今後育成すべき国内産地＞

いちごの主要産地で、スマート農業技術や環境制御技術を導入した大規模施設の整備等により生産力を強化し、輸出用施設等の拡大に戦略的に取り組む産地等を育成

＜生産基盤の強化やロットの拡大、産地間連携の実現に向けた方策＞

・夏場のいちごなど国内外の多様な需要に対応した品種の導入促進、労働生産性の高い産地を育成し、国内供給量を確保するとともに、輸出先の規制に対応した防除暦の作成、輸出用ハウスの拡大等により輸出用果実を増産
・産地と輸出事業者等が連携した輸出コンソーシアムの形成
・いちごの鮮度保持輸送の最適条件の体系化。果皮が硬く輸送性の高い品種の導入促進
・複数の産地リレーによる販売期間の長期化、他品目の果実産地との連携による国産果実の通年輸出を実現

加工・流通施設の整備

産地での一次貯蔵によるロット確保、安定出荷に向け鮮度保持貯蔵施設、輸出用のパッキング施設等を整備

いちご部会は、(一社)日本青果物輸出促進協議会内の輸出事業者、いちご産地、県協議会、流通業者等で構成

品目別団体を中心とした販路開拓

・いちご部会で検討した輸出戦略に基づき（一社）日本青果物輸出促進協議会を通じて輸送実証、プロモーション活動などを支援
・輸出先でのマーケティング、プロモーション活動は JETRO・JFOODO と連携して実施

切り花　【目標額】8.8 億円（2019 年実績）→　**18.8 億円（2025 年）**

国別輸出額目標とニーズ・規制に対応するための課題・方策

国　名	2019 年	2025 年	ニーズ・規制対応への課題・方策
アメリカ	2.7 億円	5.9 億円	アメリカで需要が高く、冬から春先に出荷されるスイートピーについて、 生産性・品質の維持・向上や出荷時期の長期化等の取組を推進
中　国	2.1 億円	4.8 億円	中国で需要の高い切り枝について、山採りから平地等での栽培への転換を推進
香　港	1.1 億円	2.2 億円	外出を控えがちな消費者に多様な購入手段を提供するための日本産食品等の EC サイトで花きを販売する取組等を推進
Ｅ　Ｕ	0.4 億円	1.8 億円	オランダに所在する世界最大の花市場における環境認証の要求に対応するため、輸出産地における認証取得のための取組を推進
その他	2.5 億円	4.1 億円	ベトナム、シンガポール等の東南アジアや、ロシア、オーストラリア等において人気がある、リンドウ、ダリア、トルコギキョウ、シャクヤク等について、 長期低温保管倉庫の整備等により需要期に合わせた出荷を推進

輸出産地の育成・展開　　**＜輸出産地数＞** 9 産地（2022 年 12 月現在）

＜今後育成すべき国内産地＞
- 海外で需要が高い切り花の主産地で、生産性・品質の維持・向上のための LED 導入・普及等の取組、輸出に必要な認証取得の取組等を推進
- 海外で需要の高い切り枝の主産地で、生産性の向上、労務負担の軽減等のための山採りから平地での栽培への転換、輸出先国・地域の検疫条件に応じた管理等を推進

＜生産基盤の強化やロットの拡大、産地間連携の実現に向けた方策＞
- 輸出コンソーシアムの形成を進め、国産切り花を通年で輸出する取組を推進

切り花の輸出に取り組む複数の産地と、卸売業者・輸出業者等が連携

流通施設の整備
- 産地から実需段階までのコールドチェーン確立のためのストックポイント等を整備
- 出荷時期を調整するための長期低温保管施設等を整備

品目別団体を中心とした販路開拓
- 切り花や植木の輸出業者から構成される（一社）全国花き輸出拡大協議会において、会員による販売促進活動、バイヤー招へい事業等の取組を推進
- 有望な輸出先における花きの品目別の市場調査・分析、ブランド戦略の策定・実施、商流構築につき JETRO・JFOODO の支援を受けつつ、両機関と連携してプロモーションを実施

茶　【目標額】146億円（2019年実績）→　**312億円（2025年）**

国別輸出額目標とニーズ・規制に対応するための課題・方策

国　名	2019年	2025年	ニーズ・規制対応への課題・方策
アメリカ	65億円	118億円	人気の抹茶及び旺盛な需要のある有機茶について、実需者から求められる輸出ロット（量及び質）を確保できる生産・流通体制を構築。現在のアメリカ東海岸及び西海岸での販売地域を内陸部まで拡大を目指す。インポートトレランス申請支援を継続するほか、アメリカの残留農薬基準に適合した茶の生産を拡大
Ｅ　Ｕ	23億円	35億円	EUは特に厳しい残留農薬基準が輸出に当たっての障壁になっていることに加え、有機に対する嗜好が強いことから、有機栽培茶自体の国内生産量を増やし、EU市場に対する有機茶の輸出を更に増やすと共に、インポートトレランス申請を加速化
中　国	0億円	80億円	大消費地である中国における放射性物質規制緩和による茶市場拡大に期待
その他	58億円	79億円	これまで堅調の台湾、シンガポール、インドネシア、アラブ首長国連邦等への輸出を維持・促進するため、プロモーションを継続実施

輸出産地の育成・展開　　**＜輸出産地数＞** 12産地（2022年12月現在）

＜今後育成すべき国内産地＞

・茶の主要産地でドリフトの影響の少ない中山間地域等でまとまって有機栽培に取り組むほか、海外の残留農薬基準に適合した防除体系による栽培や輸出ニーズに合わせた茶の栽培等に取り組み、海外向けのある程度まとまったロット供給が可能な産地を育成

＜生産基盤の強化やロットの拡大、産地間連携の実現に向けた方策＞

・輸出対応産地・生産者のリストを作り、輸出業者等が対応産地にアプローチしやすくする
・有機栽培や海外の残留農薬基準に適合した防除体系による茶の生産を拡大
・海外でニーズのある抹茶向けのてん茶への転換を支援

加工・流通施設の整備

輸出ニーズに合わせた茶加工施設や一時保管施設（輸出向けの茶の低温貯蔵庫）等の整備

品目別団体を中心とした販路開拓

茶輸出を担うメーカー、茶商等オールジャパンの連携体制を構築し、日本茶としての国際的なブランド力の向上や輸出先での戦略的なプロモーション活動を推進。実施に当たってはJETROやJFOODOと連携

コメ・パックご飯・米粉及び米粉製品

【目標額】52 億円（2019 年実績）→　**125 億円（2025 年）**

国別輸出額目標とニーズ・規制に対応するための課題・方策

国　名	2019 年	2025 年	ニーズ・規制対応への課題・方策
香　港	15 億円	36 億円	大手米卸や輸出事業者が中食・外食を中心に需要を開拓しており、今後もレストランチェーンやおにぎり店等をメインターゲットとした需要を開拓
アメリカ	7 億円	30 億円	大手米卸や輸出事業者が日系小売店需要を開拓。今後は日本食レストラン等や EC 等の小売需要を開拓。またパックご飯や米粉の最大の輸出先国であり、更なる市場を開拓
中　国	4 億円	19 億円	・大手米卸等が EC やギフトボックス等の贈答用を中心に需要を伸ばしており、更なる開拓の取組 ・コスト縮減のためには指定精米工場等の活用に加えて工場等の追加や輸入規制の緩和が不可欠
シンガポール	8 億円	16 億円	輸出事業者や JA 系統等が中食・外食を中心に需要を開拓。更にレストランチェーンやおにぎり店等をメインターゲットとした需要を開拓
その他	18 億円	22 億円	・UAE や欧州等のコメを主食としない地域では、寿司等の日本食需要拡大に合わせて日本産米の需要を開拓 ・EU を中心に拡大するグルテンフリー需要の取り込みを通じた米粉・米粉製品の需要を開拓

輸出産地の育成・展開　**＜輸出産地数＞** 30 産地（2022 年 12 月現在）

＜今後育成すべき国内産地＞

国際競争力を有するコメの生産と農家手取り収入の確保の両立を図ることで、大ロットで輸出用米を生産・供給する産地を育成

＜生産基盤の強化やロットの拡大、産地間連携の実現に向けた方策＞

輸出事業者と産地が連携して取り組む、多収米の導入や作期分散等の生産・流通コスト低減の取組の支援により、輸出用米の生産拡大（主食用米からの作付転換）を推進

加工・流通施設の整備

パックご飯メーカーや米粉・米粉製品メーカーが輸出に取り組んでいるが、輸出先国の規制等への対応が必要になるケースがあることから、当該規制等対応のための取組や輸出向け生産に必要な機械・設備の導入等を支援

品目別団体を中心とした販路開拓

・（一社）全日本コメ・コメ関連食品輸出促進協議会（全米輸）は品目別のプロモーションを実施
・今後全米輸は、新興市場でのプロモーション等を通じた市場開拓を予定。実施に際しては JETRO・JFOODO とも連携

新興市場
輸出事業者の進出が不十分な国・地域あるいは分野で、UAE、北欧やアメリカの EC 市場等を想定

製　材　【目標額】60 億円（2019 年実績）→　**271 億円（2025 年）**

国別輸出額目標とニーズ・規制に対応するための課題・方策

国　名	2019 年	2025 年	ニーズ・規制対応への課題・方策
中　国	18 億円	78 億円	木造軸組構法の設計施工マニュアルの普及や建築技術者の育成。高耐久木材の国内生産体制の強化。マーケティング
アメリカ	12 億円	127 億円	規制に対応した製材工場等の認定取得。高耐久木材の国内生産体制の強化。マーケティング
韓　国	7 億円	10 億円	木造軸組構法の設計施工マニュアルの普及や建築技術者の育成。マーケティング
台　湾	4 億円	25 億円	マーケティングや建築技術者育成。高耐久木材の国内生産体制の強化
その他	20 億円	31 億円	高耐久木材の国内生産体制の強化。輸出先国・地域の規格等の調査。マーケティング

輸出産地の育成・展開　　　　**＜輸出産地数＞** 4 産地（2022 年 12 月現在）

＜今後育成すべき国内産地＞

・付加価値の高い木材製品の生産に取り組む企業等の木材加工施設を中心とした川上から川下までの企業等が連携したグローバル産地を形成

・安定的に原料を供給する生産基盤の強化、合法性確認の一般化、生産・輸送にかかるコスト削減を推進し、山元還元

＜生産基盤の強化やロットの拡大、産地間連携の実現に向けた方策＞

・原料となる原木の安定供給、生産コストの削減に資する路網整備等

・製材工場等の大規模化・効率化、低コスト化等

・GFP 登録を推進し、地域の資源状況や加工体制に応じた企業・団体間の連携強化

・販売力強化に向けた人材や輸出先国・地域での建築技術者の育成等

加工・流通施設の整備

・輸出先国・地域の規格に対応した加工施設や高品質な木材製品の輸出に取り組む企業等の加工施設等の整備

・原木の安定供給及び生産コストの削減のための路網整備や高性能林業機械等の整備

・国土交通省と連携し、製品や原料の輸送コストを削減するための岸壁や荷さばき施設等の港湾施設の整備

品目別団体を中心とした販路開拓

・輸出先国・地域の有望品目に限定したサプライチェーンに参加する企業や団体でのグループの構成に向けて検討。経済団体や金融機関とも連携。企業負担、投資、融資、補助金を活用して戦略的に輸出

・輸出先国・地域のニーズの絞り込み、木材製品のブランディング等は、（一社）日本木材輸出振興協会の体制強化や JETRO との連携等により実施を検討

合　板　【目標額】65 億円（2019 年実績）→ **80 億円（2025 年）**

国別輸出額目標とニーズ・規制に対応するための課題・方策

国　名	2019 年	2025 年	ニーズ・規制対応への課題・方策
中　国	6 億円	16 億円	製材と連携した木造軸組構法の設計施工マニュアルの普及や建築技術者の育成。ツーバイフォー用の海外規格に対応した製造ライン。マーケティング
韓　国	1 億円	2 億円	製材と連携した木造軸組構法の設計施工マニュアルの普及や建築技術者の育成。ツーバイフォー用の海外規格に対応した製造ライン。マーケティング
台　湾	0 億円	1 億円	製材と連携したマーケティングや建築技術者育成
その他	58 億円	61 億円	輸出先国・地域の規格等の調査。マーケティング

輸出産地の育成・展開　　**＜輸出産地数＞** 8 社（2022 年 12 月現在）

＜今後育成すべき国内産地＞

安定的に原料を供給するための生産基盤の強化、合法性確認の一般化、生産･輸送にかかるコスト削減を推進し、山元還元

＜生産基盤の強化やロットの拡大、産地間連携の実現に向けた方策＞

・原料となる原木の安定供給、生産コストの削減に資する路網整備等
・ツーバイフォー用の海外規格に対応した製造ラインの整備、低コスト化等
・GFP 登録を推進し、地域の資源状況や加工体制に応じた企業･団体間の連携強化
・輸出拡大に資する販売力強化に向けた人材や輸出先国・地域での建築技術者の育成等

加工・流通施設の整備

・海外規格に対応した製造ライン等の整備
・原木の安定供給及び生産コストの削減のための路網整備や高性能林業機械等の整備
・国土交通省と連携し、製品や原料の輸送コストを削減するための岸壁や荷さばき施設等の港湾施設の整備

品目別団体を中心とした販路開拓

・輸出先国・地域の有望品目である製材と連携したサプライチェーンに参加する企業や団体でのグループの構成に向けて検討。経済団体や金融機関とも連携。企業負担、投資、融資、補助金を活用して戦略的に輸出
・製材と連携した輸出先国・地域のニーズの絞り込みや合板のブランディング等は、（一社）日本木材輸出振興協会の体制強化や JETRO との連携等により実施を検討

ぶ　り　【目標額】229 億円（2019 年）→ **542 億円（2025 年）**

国別輸出額目標とニーズ・規制に対応するための課題・方策

国　名	2019 年	2025 年	ニーズ・規制対応への課題・方策
アメリカ	159 億円	320 億円	・水産エコラベル認証の取得等、現地小売店の調達基準を満たすぶりの生産を拡大し安定供給 ・現地の食嗜好に合わせた、照り焼きや西京漬けなど加工度の高い商品を日本国内で開発・製造 ・米国当局によるインポートトレランス（輸入食品に課せられる薬品残留基準）の設定薬剤数を増加
中　国	13 億円	60 億円	活魚の需要があるアジア（中国、香港等）向けに、活魚運搬船を活用した物流・商流を構築
香　港	11 億円	40 億円	
その他※	46 億円	122 億円	・東南アジア地域の経済発展に伴い需要が増加する養殖ぶりの供給を拡大 ・EU 向けに、アメリカ同様水産エコラベル認証の取得等、現地小売りチェーンの調達基準を満たすぶりの生産を拡大し安定供給

※東南アジア、EU 等

輸出産地の育成・展開　　**＜輸出産地数＞** 10 産地（2022 年 12 月現在）

＜今後育成すべき国内産地＞

・主要産地である九州（鹿児島県、宮崎県、大分県等）や愛媛県等で、現在大規模にぶりを生産している養殖業者を中心に、漁場の有効活用による大規模化や沖合養殖の推進により輸出に必要なぶりを増産

＜生産基盤の強化やロットの拡大、産地間連携の実現に向けた方策＞

・育種や低魚粉飼料の開発により生産コストを低減
・増産に必要な生け簀を整備し、ぶり約 3.2 万 t を増産

加工・流通施設の整備

・増産したぶりを加工するために必要な HACCP 対応施設７施設（処理能力：年間５千 t ／施設）を養殖場近傍に整備
・売り先のニーズに合わせた加工度の高い商品の製造に必要な施設・機器を整備
・活魚輸送を拡大するため、長距離、長時間の活魚輸送に必要な技術や輸出先での一時保管に必要な生け簀など、物流・商流を検討・実証

品目別団体を中心とした販路開拓

日本養殖魚類輸出推進協会を中心に、海外バイヤー招聘や展示会への出展等のプロモーション等の販路開拓活動を実施

たい　【目標額】35 億円（2019 年）→ **193 億円（2025 年）**

国別輸出額目標とニーズ・規制に対応するための課題・方策

国　名	2019 年	2025 年	ニーズ・規制対応への課題・方策
韓　国	23 億円	40 億円	韓国の規制（飼料の魚粉に添加される酸化防止剤（エトキシキン）の魚体への残留基準）をクリアするたいを生産
アメリカ	5 億円	30 億円	・水産エコラベル認証の取得等、現地小売店の調達基準を満たすたいの生産を拡大し安定供給 ・現地の食嗜好に合わせた、西京漬けやソテーなど加工度の高い商品を日本国内で開発・製造
台　湾	3 億円	30 億円	活魚の需要がある台湾向けに、貨物船を利用した長距離、長時間の活魚輸送を検討・実証
その他※	4 億円	93 億円	活魚の需要があるアジア（中国、香港等）向けに、貨物船を利用した長距離、長時間の活魚輸送を検討・実証

※中国、香港等

輸出産地の育成・展開　　　　　**＜輸出産地数＞** 3 産地（2022 年 12 月現在）

＜今後育成すべき国内産地＞

　主要産地である愛媛県等で、現在、アメリカ等の小売店の調達基準を満たすたいを生産している養殖業者を中心に、漁場の大規模化等の取組により輸出に必要なたいを増産

＜生産基盤の強化やロットの拡大、産地間連携の実現に向けた方策＞

・育種や低魚粉飼料の開発により生産コストを削減
・養殖業者と販売業者の互恵的な取引関係に正常化
・増産に必要な生け簀を整備し、たい約 1.3 万 t を増産するとともに、うち約 800 t については対米向けに水産エコラベル認証を取得

加工・流通施設の整備

・増産したたいを加工するために必要な対米 HACCP 対応施設 1 施設を養殖場近傍に整備
・売り先のニーズに合わせた加工度の高い商品を製造するために必要な施設・機器を整備
・活魚輸送を拡大するため、貨物船を利用した長距離、長時間の活魚輸送による物流・商流の構築を検討・実証

品目別団体を中心とした販路開拓

　日本養殖魚類輸出推進協会を中心に、海外バイヤー招聘や展示会への出展等のプロモーション等の販路開拓活動を実施

ホタテ貝 【目標額】447億円（2019年実績）→ **656億円（2025年）**

国別輸出額目標とニーズ・規制に対応するための課題・方策

国　名	2019年	2025年	ニーズ・規制対応への課題・方策
中　国	268億円	270億円	現在中国向けに安く輸出され同国内で殻剥き加工後アメリカ等へ再輸出されているホタテ貝を、省人化機器の導入により殻剥き加工を日本国内で行った、単価の高い冷凍貝柱（玉冷）の輸出の増加
台　湾	54億円	70億円	船便輸送の拡大により輸出コストを削減しつつ需要の高い活貝輸出を増加
アメリカ	23億円	130億円	日本国内で省人化機器を利用して生産した高品質な玉冷を、中国を経由せずアメリカ向けに直接輸出
その他※	102億円	186億円	・EU向けにEU-HACCP取得加工場において省人化機器を用いて玉冷を製造 ・香港、韓国等の東アジアへ、船便輸送の拡大により輸出コストを削減しつつ需要の高い活貝輸出を増加

※ EU、東南アジア等

輸出産地の育成・展開　　**＜輸出産地数＞** 2産地（2022年12月現在）

＜今後育成すべき国内産地＞

主要産地である北海道及び青森県で、労働力不足の解消のため省人化機器を導入し、欧米を中心に需要がある高品質な玉冷（冷凍貝柱）生産を拡大し、輸出単価を向上

＜生産基盤の強化やロットの拡大、産地間連携の実現に向けた方策＞

・生産拡大のための地まき式養殖の適地調査を実施
・水温変化に合わせた水深調節など、へい死対策により生産性を向上（作業の自動化等の技術を開発）

加工・流通施設の整備

・国内での玉冷製造の課題である労働力不足の解消のため、加工場に省人化機器を導入するとともに、関連する施設を整備し玉冷を増産
・船便輸送を拡大し、活貝輸出時のコスト低減とロットを拡大

品目別団体を中心とした販路開拓

日本ほたて貝類輸出振興協会を中心に、海外バイヤー招聘や展示会への出展等のプロモーション等の販路開拓活動を実施

真　珠　【目標額】329 億円（2019 年実績）→　**379 億円（2025 年）**

国別輸出額目標とニーズ・規制に対応するための課題・方策

<table>
<tr><th>国　名</th><th>2019 年</th><th>2025 年</th><th>ニーズ・規制対応への課題・方策</th></tr>
<tr><td>香　港</td><td>285 億円</td><td>240 億円</td><td rowspan="2">・真珠取引の中心であった香港を経由せずとも中国向けに輸出できるよう、品質基準等を策定し、EC による B to B 取引を促進
・日本で国際展示会を開催し外国人バイヤーを招聘、販売を拡大</td></tr>
<tr><td>中　国</td><td>8 億円</td><td>100 億円</td></tr>
<tr><td>タ　イ</td><td>4 億円</td><td>5 億円</td><td rowspan="2">・東南アジアや中東市場開拓のため、イベント、行事等を通じて真珠を付ける習慣を普及。両市場の窓口であるシンガポールやドバイでの国際展示会を通じた販売を強化
・日本で国際展示会を開催し外国人バイヤーを招聘、販売を拡大
・宝飾加工業が盛んなインド市場の獲得に向けマーケット調査</td></tr>
<tr><td>その他</td><td>32 億円</td><td>34 億円</td></tr>
</table>

輸出産地の育成・展開　　　　**＜輸出産地数＞** 1 産地（2022 年 12 月現在）

＜今後育成すべき国内産地＞

主要産地である愛媛県、三重県及び九州における新型コロナウイルス感染症の影響を受けている生産者の経営の安定化をはかり、生産基盤を強化

＜生産基盤の強化やロットの拡大、産地間連携の実現に向けた方策＞

・へい死予防のためのアコヤガイ養殖の管理ポイントを作成
・真珠の品質基準等を策定し、EC による B to B 取引を推進
・日本での国際展示会を開催し外国人バイヤーを招聘して世界各国への輸出を拡大

品目別団体を中心とした販路開拓

・（一社）日本真珠振興会を中心に JETRO の協力を得ながら、マーケティング調査や販売促進活動を実施
・真珠の販売拡大に必要となる品質基準は（一社）日本真珠振興会を中心にとりまとめ

（一社）日本真珠振興会は、日本真珠輸出組合や生産者団体等により構成

錦　鯉　【目標額】59 億円（2021 年実績）→ **97 億円（2025 年）**

国別輸出額目標とニーズ・規制に対応するための課題・方策

国　名	2021 年	2025 年	ニーズ・規制対応への課題・方策
中　国 香　港	10 億円	20 億円	・富の象徴として日本の品評会受賞等の高級錦鯉が求められる ・愛好家は広州（広東省）周辺に限られているため、上海や北京等、需要が見込まれる地域でプロモーションを行い販路拡大 ・中国国内の生産が増加傾向にあるため、日本の技術力とブランド力の維持強化が課題
アメリカ	7 億円	11 億円	手ごろな価格帯で多様な種類が求められるため、ニーズに応じた品種を提案し裾野を拡大。ニーズに応じた品種確保が課題
インドネシア	6 億円	9 億円	華僑系富裕層による高級錦鯉の購入が増加。更なる販路拡大を進め富裕層から一般向け裾野拡大を目指しプロモーションを実施
ドイツ	6 億円	9 億円	伝統的養鯉国で独自の品種も開発している国であり日本の鯉の人気は高い。新種開発も含めた販路拡大プロモーションを実施
その他	31 億円	48 億円	・東南アジア、EU 等の需要のある国はプロモーションを実施 ・水が貴重な中東等の未開地、ガーデニング文化が乏しく需要が低かったラテン系の国は、近年人気が高まっている盆栽等とともに日本文化の象徴として発信。先ずは富裕層向けに販路拡大のプロモーションと日本文化の象徴として錦鯉の情報を発信

輸出産地の育成・展開　　**＜輸出産地数＞** 5 産地（2022 年 12 月現在）

＜今後育成すべき国内産地＞

新潟県や広島県等の主産地で、水田転換等を活用し錦鯉生産池の拡大により生産力の強化等に戦略的に取り組む産地等を育成

＜生産基盤の強化やロットの拡大、産地間連携の実現に向けた方策＞

・日本文化と一体になった錦鯉の魅力、楽しみ方等を海外に情報発信。生産者と輸出事業者が連携し、国産錦鯉のプロモーションを実施
・海外のニーズに合わせた幅広い価格帯や他品種の錦鯉の生産、新種の開発

加工・流通施設の整備

検疫や魚病に関する海外情報の共有、輸出先が求める検疫施設や輸出専用の集荷施設等の整備、生産者の在庫情報の発信

品目別団体を中心とした販路開拓

・海外で品評会開催等プロモーションやマーケティング調査等を実施
・海外顧客向け動画の配信やメタバースによる仮想空間上での情報発信を通じた顧客満足度向上、販売促進及びオーナー制度拡大
・JAS 規格を組み込んだ品種、血統、受賞履歴など錦鯉のデータバンク化と証明書の発行による国産錦鯉ブランド確保
・ネットオークションやオンライン品評会の開催、WEB を活用した在庫情報提供

清涼飲料水　【目標額】304億円（2019年実績）→ **786億円（2025年）**

国別輸出額目標とニーズ・規制に対応するための課題・方策

共通の取組

・国際的なパレット返却システムの構築等物流の効率化
・放射性物質規制の撤廃（中国、香港、台湾等）
・既存添加物（色素、香料等）等の輸入規制の緩和
・添加物規制、ヘルスクレームにおける各国規制への対応（中国、香港、台湾）

パレットからコンテナへの詰め替えが手作業となっている

国　名	2019年	2025年	ニーズ・規制対応への課題・方策
中　国	70億円	200億円	・健康志向の高まりを受け緑茶飲料、麦茶（ノンカフェイン）等の輸出を拡大 ・コロナ禍で堅調な伸びを示した栄養ドリンク、健康ドリンク及び美容ドリンクの更なる輸出拡大 ・季節限定品・日本文化を感じるフレーバー飲料の商品販売
香　港	56億円	131億円	・健康志向の高まりを受け緑茶飲料、麦茶（ノンカフェイン）等の輸出を拡大 ・コロナ禍で堅調な伸びを示した栄養ドリンク、健康ドリンク及び美容ドリンクの更なる輸出拡大
アメリカ	46億円	117億円	・乳酸菌飲料等日本製の優位性が高い商品に注力
その他	132億円	338億円	・紅茶飲料等日本製の優位性が高い製品に注力（台湾） ・リサイクルペットボトルの流通規制への対応（台湾） ・砂糖税・物品税の運用変更への対応（UAE）

＜輸出産地数＞ 7社（2022年12月現在）

加工・流通施設の整備

・労働生産性向上を図り国際競争力を確保するため、省人化機械等の導入・整備
・輸出先国の衛生管理の規制に対応するため、HACCP対応施設の導入の措置を推進

品目別団体を中心とした販路開拓

・基本は、大手メーカーがそれぞれの強みを活かして販路を開拓。業界共通事項については、（一社）全国清涼飲料連合会が中心となって対応
・輸出先国の既存添加物（色素、香料等）の輸入規制の情報共有
・大手会員企業の共通する輸出ノウハウを団体内で共有し、業界全体を底上げ

菓　子 【目標額】202億円（2019年実績）→ **465億円（2025年）**

国別輸出額目標とニーズ・規制に対応するための課題・方策

共通の取組

・インバウンドを活用し、日本の菓子の美味しさ、美しさ、パッケージのかわいさといった強みを発信
・輸出商品における食品添加物（天然色素）の使用規制の緩和
・キャンデー、チョコレート、ビスケット等の輸出向け商品ラインの整備、包装技術（賞味期限の長期化等）・新商品の開発
・日系の小売業者を通じた販売
・現地の大手・中小小売店、コンビニ等と連携した試験販売・PR

国　名	2019年	2025年	ニーズ・規制対応への課題・方策
香　港	59億円	117億円	民主化デモの沈静化による需要の回復
中　国	42億円	105億円	・中国の輸入停止措置の解除による10都県の輸出再開 ・入店料（棚代）の高額化に関する業界内の情報共有
アメリカ	25億円	63億円	・原材料（部分水素添加油脂）規制に対応した原材料開発 ・米国では必要ない多品種小ロット、過剰包装の解消による製造コストの削減 ・各社商品の輸送の混載化の推進 ・大手小売店と取引のあるアメリカ商社との関係構築 ・FDAによる査察情報の共有
その他	76億円	180億円	・台湾の輸入停止措置の解除による輸出再開 ・韓国の不買運動の沈静化による需要回復 ・タイの原材料（部分水素添加油脂）規制に対応した原材料開発 ・オーストラリアの原材料（乳製品）規制の緩和 ・コロナ禍で停止しているEUHACCPの監査再開

＜輸出産地数＞ 46社（2022年12月現在）

加工・流通施設の整備

・FSSC22000等の食品安全管理規格の取得に向けた、HACCP対応施設を整備
・国際競争力を強化するため、輸出向け商品ラインの施設を整備

品目別団体を中心とした販路開拓

・（一社）全日本菓子輸出促進協議会が中心となって、ECやデジタルプロモーションを積極的に活用した見本市・展示会への出展、輸出EXPOの商談会等に参加
・輸出先国の食品添加物（天然色素）の輸入規制等の情報共有
・会員企業の共通する輸出ノウハウを団体内で共有し、業界全体を底上げ

ソース混合調味料【目標額】360億円（2019年実績）→ 850億円（2025年）

国別輸出額目標とニーズ・規制に対応するための課題・方策

共通の取組

・カレー、マヨネーズ・ドレッシングの輸出拡大に特に注力。カレーは、日本式カレーの普及を、マヨネーズ・ドレッシングは、日本製の強み（おいしさ、繊細さ等）を活かす
・輸出商品における畜肉エキス、食品添加物等の使用規制の緩和
・輸出向け商品ラインの整備（輸出先国の規制に対応した専用ライン等）
・海外の小売店と連携したPB商品開発による大ロット輸出（新商品開発支援）
・ECやデジタルプロモーションの積極的な活用、及び実店舗との連携

国　名	2019年	2025年	ニーズ・規制対応への課題・方策
アメリカ	75億円	173億円	・日本食向け需要を基本としつつ、業務用・家庭用ともに現地の類似商品との違いを明確にした商品設計を行い需要拡大 ・ベジタリアン・グルテンフリーのラインナップの充実 ・米国食品安全強化法への対応
中　国	15億円	42億円	・日系スーパー等を活用し、現地の調理法に合わせた使用法を提案するなど、業務用需要拡大を基本としつつ家庭用需要を開拓・強化 ・中国の輸入停止措置の解除による該当地域からの輸出再開
E　U	30億円	82億円	・日本食レストラン向け需要拡大を強化しつつ、家庭用需要の販路を開拓 ・ベジタリアン・グルテンフリーのラインナップの充実 ・日本特有の食材（ゆず、山椒等）を使用した商品認知度の向上を促進 ・EUHACCP、混合食品規制への対応
その他	240億円	553億円	・日本式カレー等の日本食の認知を向上させ、レストランメニュー等外食需要から販路を拡大

＜輸出産地数＞ 14社（2022年12月現在）

加工・流通施設の整備

・労働生産性向上を図り国際競争力を確保するため、省人化機械等の導入・整備
・輸出先国の衛生管理の規制に対応するため、HACCP対応施設の導入の措置を推進

品目別団体を中心とした販路開拓

・基本は大手メーカーがそれぞれの強みを活かして販路を開拓。業界共通事項については、全日本カレー工業協同組合等が中心となって対応
・マーケットインによる商品開発やグルテンフリー、ビーガン、ハラル対応商品開発に関する情報共有
・輸出先国の畜肉エキス、既存添加物（色素等）等の輸入規制の情報共有
・大手会員企業の共通する輸出ノウハウを団体内で共有し、業界全体を底上げ

味噌・醤油　【目標額】115億円（2019年実績）→ **231億円（2025年）**

国別輸出額目標とニーズ・規制に対応するための課題・方策

共通の取組

・日本食文化とともに日本の多様な味噌・醤油を世界に発信

・日本食レストランを中心に、現地ニーズに合わせたラーメン、煮込み料理、炒め物などのレシピの充実・普及

味噌は、第2の醤油を目指す

国　名	2019年	2025年	ニーズ・規制対応への課題・方策
アメリカ	23億円	50億円	・ミレニアル世代と呼ばれる若い世代や健康志向の者向けの高品質な商品需要の取り込みを拡大・強化 ・醤油市場が成熟しつつあるため、日本の多様な醤油を紹介し、深掘り
中　国	11億円	26億円	・富裕層向けを基本に、日本食レストランや現地小売店のほか、子供を持つ若い世代や女性層などの健康志向の者の需要の取り込みを拡大・強化 ・中国の輸入停止措置の解除による10都県産(味噌の主産地が含まれる)の輸出再開
その他	81億円	155億円	・オーストラリアの現地小売店、健康志向の者向けの高品質な商品需要の取り込みを拡大・強化（醤油） ・日本食レストラン等業務用需要を基本に、日本の味を好む若年層などの需要の取り込みを拡大・強化（味噌） ・味噌・醤油の知名度の定着と家庭用向けの利便性・簡便化商品の販売を強化（特に味噌） ・ハラール認証団体から認証を受けたハラール商品マーケットを拡大

＜輸出産地数＞ 味噌20産地、醤油32産地（2022年12月現在）

加工・流通施設の整備

・労働生産性向上を図り国際競争力を確保するため、省人化機械等の導入・整備
・輸出先国の衛生管理の規制に対応するため、HACCP対応施設の導入・整備
・ハラール認証取得のための製造ライン等対応施設の導入・整備

品目別団体を中心とした販路開拓

・業界団体（全国味噌工業協同組合連合会〈全味工連〉や、日本醤油協会及び都道府県組合）と連携して特色を前面に押出しながらPRし、アミノ酸文化圏（東・東南アジア）向け、家庭用、業務用等ターゲット別にアプローチ
・全味工連を通じた味噌JASの策定による輸出先国での味噌等の地位を確立
・多様な味噌・醤油の知名度向上のため、JFOODO、味噌ソムリエ、醤油ソムリエの活用や有機味噌、有機醤油にも着目した取組の展開
・調味料としての特徴・魅力を活かしたレシピ、調理デモを含めた海外及び国内での展示会、見本市及び店舗等でのPR
・ECやデジタルプロモーションの積極的な活用と実店舗との連携

清酒（日本酒）　【目標額】234.1 億円（2019 年実績）→ **600 億円（2025 年）**

国別輸出額目標とニーズ・規制に対応するための課題・方策

共通の取組

・EPA 等による関税・輸入規制の撤廃、地理的表示の保護の早期の実現に向けて交渉を継続
・日本食レストランや日系スーパーでの取扱いの更なる拡大と、非日系市場への浸透
・国際的イベントでの情報発信、インバウンド需要の拡大により、認知度向上
・ユネスコ無形文化遺産登録に向け、保存・活用体制の整備などの検討を加速
・地理的表示やブランド化の推進による商品の高付加価値化
・市場調査を実施し、各国・地域の嗜好やニーズを把握
・商社・卸と製造者のマッチング等を通じた販路拡大

国名	2019 年	2025 年	ニーズ・規制対応への課題・方策
アメリカ	67.6 億円	180 億円	・現地生産の清酒の流通状況等も踏まえ、高付加価値商品の輸出拡大 ・ラベル承認手続の簡素化に向けて交渉を継続
中　国	50.0 億円	130 億円	・原発事故に伴う輸入規制措置の撤廃に向けた交渉を継続 ・市場調査の結果も踏まえた上で、地域ごとに戦略を定め、高付加価値化や販路拡大 ・RCEP による関税の段階的撤廃を追い風とし、輸出拡大を推進
香　港	39.4 億円	110 億円	・輸出単価が高い傾向にあることを踏まえ、より高付加価値な商品の輸出を拡大 ・地域の情報発信拠点であることを踏まえ、周辺国・地域への波及も意識した販路開拓・認知度向上
EU・イギリス	14.2 億円	40 億円	・イギリス・フランス・ドイツを中心に、周辺国への波及も意識した販路開拓・認知度向上 ・ＥＵにおける酒類消費の約３割を占めるワインの流通ネットワークの活用を検討
台　湾	13.6 億円	40 億円	・輸出単価が低い傾向にあるため、ブランド化推進 ・主要国・地域の中でも高い関税（20%）の引下げ交渉を継続 ・原発事故に伴う消費者の懸念を払拭すべく、安全性を PR
シンガポール	8.6 億円	20 億円	東南アジアの情報発信拠点であることを踏まえ、周辺国への波及も意識した販路開拓・認知度向上
その他	40.7 億円	80 億円	

<輸出産地数> 619 者（2022 年 12 月現在）

品目別団体を中心とした販路開拓

・主要国際空港における訪日外国人を対象とした試飲によるＰＲや、酒造りの文化的価値の発信など、政府と協力して認知度向上に取り組む
・大規模展示会等の場を活用し、情報発信や事業者の販路拡大の取組を支援
・団体が海外に設置するサポートデスクを活用し、現地市場の情報収集や情報発信、事業者の販路拡大の取組を支援

ウイスキー 【目標額】194.5 億円（2019 年実績）→ **680 億円（2025 年）**

国別輸出額目標とニーズ・規制に対応するための課題・方策

共通の取組

・大手メーカーを中心に民間主導で順調に輸出を伸ばしている
・ＥＰＡ等による関税・輸入規制の撤廃、早期の実現に向けて交渉を継続
・中小事業者をターゲットとした販路開拓を支援
・原酒の確保という課題について、事業者や事業者団体の取組をサポート

国　名	2019 年	2025 年	ニーズ・規制対応への課題・方策
EU・イギリス	55.3 億円	200 億円	IWSC 等の影響力が大きい国際的なコンペティションが開催されるイギリスやフランス等を中心に、中小事業者の販路開拓を支援
アメリカ	54.0 億円	190 億円	日米貿易協定に基づくラベル承認手続の簡素化や容量規制の撤廃に向けた交渉を継続
中　国	25.3 億円	90 億円	・近年輸出が急増している中国において、更なる輸出拡大に向け、原発事故に伴う輸入規制措置の撤廃に向けた交渉を継続 ・RCEP による関税の段階的撤廃を追い風とし、輸出拡大
台　湾	12.8 億円	50 億円	・ウイスキーに対する注目度が高まっている台湾市場において、その勢いを取り込むべく、特に中小事業者の販路拡大や認知度向上 ・原発事故に伴う消費者の懸念を払拭すべく、安全性を PR
その他	47.1 億円	150 億円	

＜輸出産地数＞ 33 者（2022 年 12 月現在）

品目別団体を中心とした販路開拓

・日本洋酒酒造組合で表示に関する自主基準を策定し、国内外の消費者の適正な商品選択に資することで消費者の利益を保護し、品質の向上を図ることで、日本産ウイスキーの信頼性を高め、一層の輸出拡大につなげる
・原酒の確保という課題について、対応策の検討を進める

本格焼酎・泡盛　【目標額】15.6 億円（2019 年実績）→　**40 億円（2025 年）**

国別輸出額目標とニーズ・規制に対応するための課題・方策

共通の取組

・ＥＰＡ等による関税・輸入規制の撤廃、地理的表示の保護の早期の実現に向けて交渉を継続
・国際的イベント等を活用した情報発信や、酒蔵ツーリズムを活用したインバウンド需要の拡大による認知度向上が喫緊の課題
・市場調査を実施し、各国の嗜好やニーズ、日本酒等とは異なる販路を踏まえた認知度向上・販路開拓
・ユネスコ無形文化遺産登録に向け、保存・活用体制の整備などの検討を加速
・地理的表示やブランド化の推進による商品の高付加価値化
・事業者に対して輸出意識の啓発を行い、輸出の機運を醸成

本格焼酎・泡盛は清酒（日本酒）と比較して諸外国での認知度が低い

国　名	2019 年	2025 年	ニーズ・規制対応への課題・方策
中　国	5.3 億円	15 億円	・原発事故に伴う輸入規制措置の撤廃に向けた交渉を継続 ・市場調査の結果も踏まえた上で、地域ごとに戦略を定め、高付加価値化や販路拡大 ・ウイスキー等の蒸留酒の流通ネットワークの活用 ・RCEP による関税の段階的撤廃を追い風とし、輸出拡大
アメリカ	3.8 億円	12 億円	・日米貿易協定に基づき、アメリカ市場における日本の焼酎を取り扱うための免許要件の緩和のほか、ラベル承認手続の簡素化や容量規制の撤廃に向けた交渉を継続 ・バーやレストランでの消費拡大に向け、関係団体と連携し、バーテンダー等をターゲットとした情報発信を通じて、販路開拓・認知度向上
台　湾	0.7 億円	2 億円	・主要国・地域の中でも高い関税（40%）の引下げ交渉を継続 ・原発事故に伴う消費者の懸念を払拭すべく、安全性を PR
その他	5.8 億円	11 億円	

＜輸出産地数＞ 206 者（2022 年 12 月現在）

品目別団体を中心とした販路開拓

・主要国際空港における訪日外国人を対象とした試飲によるＰＲや、酒造りの文化的価値の発信など、政府と協力して認知度向上に取り組む
・大規模展示会等の場を活用した、情報発信や事業者の販路拡大の取組を支援
・団体が海外に設置するサポートデスクを活用し、現地市場の情報収集や情報発信、事業者の販路拡大の取組を支援

5-1 輸出支援体制

専門的・継続的な海外支援体制の強化

海外での国の輸出支援対策におけるさまざまな課題に対応するため、主要な輸出先国・地域において、在外公館やJETRO海外事務所、JFOODO海外駐在員等を主な構成員とする輸出支援プラットフォームを設立・運営している。

海外における国の輸出支援対策についての課題
- 知見や現地人脈の継続性の確保
- 規制や市場にかかる専門性の確保
- 現地における関係部局の連携の確保
- 東京主導ではない地域の主体性の確保

輸出支援プラットフォーム
現地で食品産業等に精通した人材をローカルスタッフとして速やかに雇用・確保し、輸出先国・地域において輸出事業者を包括的・専門的・継続的に支援

まずは、2023年度末までに米国、EU、タイ等の8カ国・地域において輸出支援プラットフォームを立ち上げ、順次、市場として有望な重点都市に設立する。

輸出支援プラットフォーム（PF）の取組概要

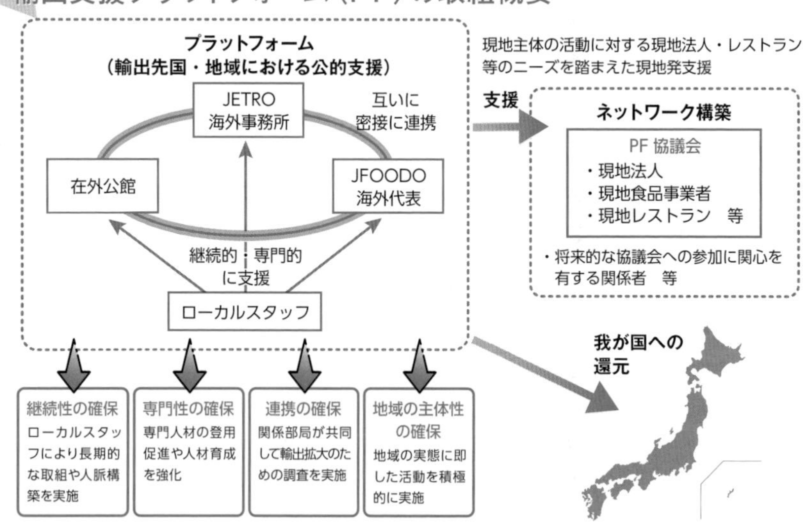

輸出支援プラットフォームの活動

現地発の情報発信（カントリーレポートの作成）

市場・規制の全体像や変化など、現地発の有益な情報をカントリーレポートとして取りまとめ、認定輸出促進団体や事業者に発信。JETRO のウェブページ上の輸出支援プラットフォームで公表。

オールジャパンでのプロモーション活動への支援

「都道府県・輸出支援プラットフォーム連携フォーラム」などで都道府県等の意向を把握した上で、オールジャパンでのプロモーションのための体制構築や都道府県の伴走支援等を実施。

新たな商流の開拓

現地発の戦略の下、現地パートナーと連携しつつ、日本産同士の競合とならない新たな商流を開拓。

現地事業者との連携の強化

現地の流通に精通する日系・非日系の現地事業者との連携を強化し、商流構築や日本食普及を推進。

プラットフォーム設置国・地域

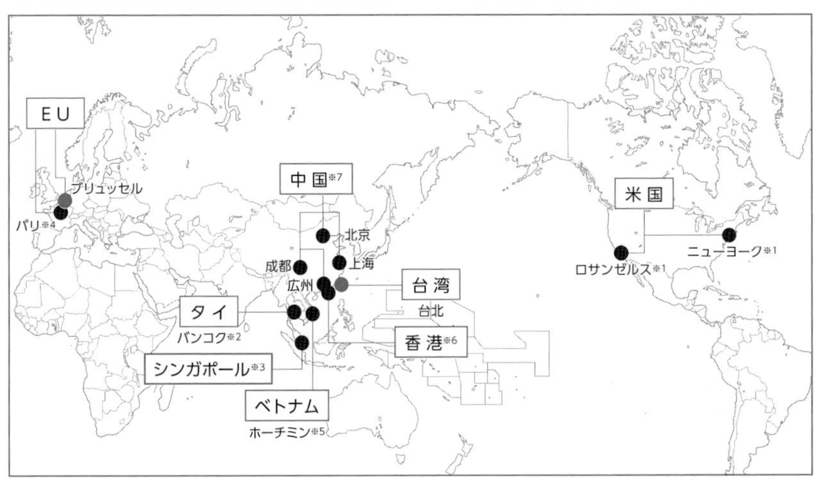

●…立上げ済　●…2023 年度末までに立上げ　事務局設置都市（候補）

日付は、立上式開催日　※１：2022 年４月 27 日　※２：2022 年５月５日　※３：2022 年５月７日　※４：2022 年５月 16 日　※５：2022 年８月 19 日　※６：2022 年９月 13 日　※７：2023 年５月 19 日

諸外国の主な食品輸出促進機関

諸外国の食品輸出体制

生産から輸出に至る事業者が一丸となって輸出に取り組む体制を構築し、国も一体的に支援している。

諸外国の主な食品輸出促進機関は、日本の体制と比較して以下の点が優れている。

・組織が一元化され、プロモーションや市場調査の専門職員が配置されており機能的
・スタッフの規模・専門性、事務所の予算規模ともに大きい
・展示会の出展や商流開拓、市場調査等の事業を各地域事務所で行っており、より地域の実態に即している

外国の食品輸出促進機関として3例を紹介

●韓国農水産食品流通公社（aT）

aTは、農水産食品産業振興を通じて国民の安定的な経済成長基盤の確保と生活の質の向上に寄与することを目的とする準政府機関である。

沿革：1967年　農漁村開発公社として設立
1986年　農水産物流通公社
2012年　韓国農水産食品流通公社
予算規模：3660億ウォン（約329億円、2020年）※財源は国庫及び収益事業
組織全体の体制：約870名（国内11地域本部、海外18拠点）
日本での体制：東京支社：7名　大阪支社：5名
ガバナンス構造：食品輸出全般を総括する農林畜産食品部の下、輸出促進のハブ組織となり、輸出拡大を推進。

〔取組事例〕
・輸出者向けコンサルティング
・各地方自治体との連携支援
・輸出物流・検疫通関支援
・有望商品・ブランドの育成
・海外市場開拓
・輸出事業者のブランディング・マーケティング支援

●ノルウェー水産物審議会（NSC : Norwegian Seafood Council）

ノルウェーでは、NSC がノルウェーサーモン、サバをはじめとした水産物の戦略的輸出を主導しており、過去 10 年間で水産物の輸出額は倍増している。

沿革：1991 年　漁業省の組織として設立
2005 年　有限会社に移行（国営企業）
予算規模：約 48 億円※財源は輸出額に対する賦課金
組織全体の体制：約 80 名（国内 1 拠点、海外 12 拠点）
日本での体制：在京ノルウェー大使館に 2 名
ガバナンス構造：生産者団体により運営方針が決定

〔取組事例〕
・輸出先国の市場調査
・大手流通事業者と国内生産者のマッチング
・ロゴ等の輸出の販促ツール管理

●米国農産物貿易事務所（ATO : Agricultural Trade Office）

ATO は、主要な米国産農産物の消費市場におけるマーケティング及び情報収集とプロモーション活動のために設置された現地事務所組織。

沿革：日本では、1957 年大使館内（東京）に設置。現在、東京事務所と大阪・神戸事務所の 2 カ所
予算規模：不明（大使館農務部予算の一部）
組織全体の体制：約 70 名（海外 13 拠点）
日本での体制：在京米大：7 名　大阪総領事館：4 名
ガバナンス構造：農務省海外農務局（FAS）の傘下

〔取組事例〕
・需給動向や輸入要件等に関する情報収集
・品目ごとの輸出促進団体と連携したプロモーション
・品目別輸出ガイド作成

5-2 輸出支援体制

事業者への投資の支援

マーケットインの発想で輸出に取り組む体制に転換していくためには、リスクを取って輸出向け産品の生産・輸出にチャレンジする事業者が不可欠となっている。

リスクを取って輸出に取り組む事業者への投資の支援

輸出向けの生産を行う産地・事業者は未だ少数であり、一部の事業者が輸出事業に取り組んでいる状況。このため、リスクを取って輸出に取り組む事業者への投資の支援として、以下の措置を講じている。

農林漁業法人等に対する投資の円滑化に関する特別措置法の活用

「農業法人に対する投資の円滑化に関する特別措置法」（平成 14 年法律第 52 号）を、2021 年に改正

・法が定める投資の対象に、これまでの農業法人に加え以下①～③を追加するとともに、投資事業有限責任組合（LPS）が行う外国法人に対する投資に関する特例も措置した。

① 農林水産物・食品の輸出や製造・加工、流通、小売、外食等の食品産業の事業者
② 林業・漁業を営む法人
③ スマート農林水産業を支える技術開発等の農林漁業者又は食品産業の事業者の取組を支援する事業活動を行う法人等

これらを通じて、LPS の積極的な組成を図るとともに、アグリビジネス投資育成㈱等の投資主体による海外現地法人等への出資を促進していく。

改正輸出促進法等の活用

輸出促進法等を改正し、㈱日本政策金融公庫による貸付けや債務保証、輸出事業用資産にかかる所得税・法人税の特例を措置した。これらを通じて、輸出事業計画の認定を受けた農林水産事業者・食品事業者等の育成を図るなど輸出事業者のチャレンジを後押ししていく。

・日本公庫による貸付け
→農林水産物・食品輸出基盤強化資金
・債務保証→スタンドバイ・クレジット制度
・所得税・法人税の特例→輸出用事業資産の割増償却

※詳細は、「第３章　改正輸出促進法」にて記載。

NEXI による貿易保険の活用

日本貿易保険（NEXI）が、2022 年４月に農林水産品・食品輸出向け「簡易通知型包括保険」の利用要件を緩和したことなどを踏まえながら、輸出事業者の貿易保険の活用をより推進していく。

5-3 輸出支援体制

輸出産地・事業者の育成・展開

主として輸出向けの生産を行う産地を輸出産地としてリスト化し、輸出事業計画に基づく輸出産地の形成に必要な施設整備等を重点的に支援する。都道府県や業界団体等を通じて産地の意向を踏まえた結果、これまでに29の輸出重点品目で合計1,203産地・事業者を輸出産地として公表。

マーケットインの発想に基づき輸出産地・事業者を育成

輸出産地リストの公表

（2022年12月現在）

輸出重点品目	産地・事業者数
牛　肉	19
豚　肉	5
鶏　肉	8
鶏　卵	6
牛乳乳製品	7
果樹（りんご）	8
果樹（ぶどう）	6
果樹（もも）	6
果樹（かんきつ）	15
果樹（かき・かき加工品）	10
野菜（いちご）	14
野菜（かんしょ・かんしょ加工品・その他野菜）	38
切り花	9
茶	12
コメ・パックご飯・米粉及び米粉製品	30
製　材	4
合　板	8
ぶ　り	10
た　い	3
ホタテ貝	2
真　珠	1
錦　鯉	5
清涼飲料水	7
菓　子	46
ソース混合調味料	14
味噌・醤油	52
清酒（日本酒）	619
ウイスキー	33
本格焼酎・泡盛	206
合　計	1,203

※その他の野菜（たまねぎ等）についても、水田等を活用して輸出産地の形成に積極的に取り組む。

輸出産地サポーターの配置

地方農政局等に民間の専門人材を「輸出産地サポーター」として採用するなどして、輸出産地・事業者の輸出事業計画の実行に向けて伴走型で支援。

（輸出産地サポーターの配置先）

北海道農政事務所、東北農政局、関東農政局、北陸農政局、東海農政局、近畿農政局、中国四国農政局、九州農政局、沖縄総合事務局

GFPによる支援

輸出産地・事業者の育成や支援を行うGFP（農林水産物・食品輸出プロジェクト）については、多様化する輸出事業者へのサポートや、輸出スタートアップの掘り起こしのため、地方農政局や都道府県段階で現場と密着したサポート体制を強化していく。

5-4 輸出支援体制

農林水産物・食品輸出プロジェクト（GFP）

2018年8月に、輸出を意欲的に取り組もうとする生産者・事業者等のサポートと連携を図る「GFPコミュニティサイト」を立ち上げた。サイト登録者を対象に、農林水産省がJETRO、輸出の専門家とともに産地に直接出向いて輸出の可能性を無料で診断する「輸出診断」を18年10月から開始。

GFP（ジー・エフ・ピー）

Global Farmers / Fishermen / Foresters / Food Manufacturers Projectの略称。農林水産省が推進する日本の農林水産物・食品の輸出プロジェクト。

1億人ではなく、100億人を見据えた農林水産・食品産業へ

GFPの登録者数

（2023年3月末時点）

区分	登録者数
農林水産物食品事業者	4,166
流通事業者、物流事業者	3,326
合　計	7,492

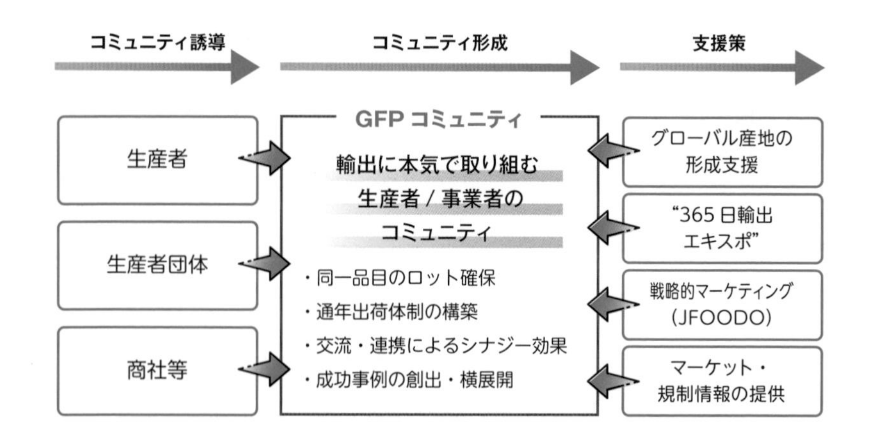

GFP を通じた支援メニュー

専門家による輸出診断

輸出診断を希望する事業者に対して、登録内容を元に作成された輸出チェックレポートを作成。更に、訪問診断を希望する事業者には、農政局・JETRO 等と連携の上、直接訪問又はオンラインにより、現在の取組状況・課題 / 要望を把握。

GFP セミナー・交流会等のイベント開催

2022 年度は、全国各地に加え米国で GFP のセミナーや交流会等を開催。今後も全国各地でセミナー、交流会等のイベントを開催予定。

※写真は農林水産省提供

GFP ビジネスパートナーマッチング

生産者・メーカーの輸出の課題やニーズに応じて、商社等のビジネスパートナーとのマッチングを行い、輸出知見豊富なパートナーから直接アドバイスを実施。

GFP 登録者への情報提供

規制や補助金等の輸出に関わる有益な情報のメールを発信。GFP 公式 Facebook ページや YouTube チャンネルを立ち上げ、日々の活動情報やイベント情報などを発信。

5-5 輸出支援体制

効率的な輸出物流の構築

輸出先国・地域のニーズや規制に対応する産地が連携して取り組む大ロット・高品質･効率的な輸出を後押しするため、農林水産省と国土交通省との連携の下、「効率的な輸出物流の構築に関する意見交換会」で整理した事項を実施するため、以下の取組を推進している。

効率的な輸出物流の構築に向けた取組

大ロット・高品質・
効率的な輸出を後押し

設備投資の促進

輸出物流の構築に必要な設備投資を促進するため、輸出事業計画に施設整備の計画を追加し、認定された計画に基づく施設等の整備に措置された制度資金や所得税・法人税の特例の積極的な周知により利用を推進する。

・日本公庫による貸付け
→農林水産物・食品輸出基盤強化資金
・所得税・法人税の特例
→輸出事業用資産の割増償却

また、農林水産省と国土交通省が連携し港湾を活用した輸出をさらに促進するため、コールドチェーンの確保のために必要な施設等の整備を支援する。

輸出物流の強化

大ロット化の推進や輸送による品質の劣化防止の観点から、輸出物流ネットワークの構築に向けた取組を進めるとともに、鮮度保持・品質管理や物流効率化を図るために必要なパレット化に適した外装サイズやコード、日本式コールドチェーン物流サービス等の規格化・標準化を進める。さらに、大ロットで取引されている品目に対応した効率的な輸送方法について検討する。

5-6 輸出支援体制

フラッグシップ輸出産地の形成

輸出向けに生産・流通を転換するフラッグシップ輸出産地について、都道府県やJA、地域商社等が連携し生産から流通・販売まで、一気通貫で産地をサポートする体制を整備(都道府県版ＧＦＰの組織化)。大ロット輸出に向けた生産面の転換や、集荷・船積み方法の転換を推進し、大ロット輸出産地のモデル形成を支援する。

地域密着型の輸出推進体制の構築

都道府県版ＧＦＰの組織化による

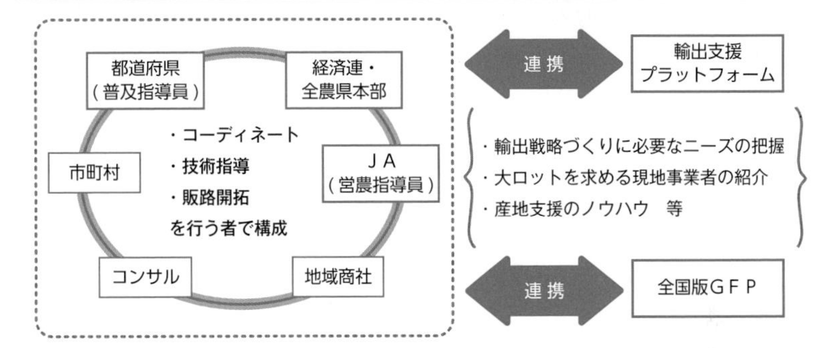

大ロット輸出に向けた生産方法の転換
- 大規模な有機農業への転換、使用農薬の見直し
- 耕作放棄地を活用した輸出向け生産の拡大
- ロス率低下やコスト低減のための新品種・新技術の導入

集荷・船積み方法の転換
- 鮮度保持のためのコールドチェーンを確保した、産地直送型集荷方法の確立
- 輸送コスト軽減や大ロット輸出のための混載を前提とした集荷から船積みまでの流通体系の構築　等

※写真は農林水産省提供

農林水産・食品事業者の海外展開支援

海外展開を今後進めていく農林水産事業者や食品事業者がスムーズに、また、極力手戻りや失敗をしない形で、活動していくことをサポートすることを目的に、「農林水産物･食品の輸出拡大を後押しする食産業の海外展開ガイドライン」を策定した。

「農林水産物・食品の輸出拡大を後押しする食産業の海外展開ガイドライン」

優れた新品種、鮮度や高度な技術に基づく高い品質や、地域の特色ある食文化等の「日本産」農林水産物・食品の価値を守り、活かして持続的に稼げる仕組みを構築する。

進出のパターンやステップごとのリスク・リターンを示す

各事業者が、リスクとリターンを意識して海外展開を進めることで、「日本産」の価値を守り、それを生かして持続的に稼げる仕組みを構築することができる。

リ ス ク……長期展望のある戦略を作り価値の毀損を防ぐ。品種や技術等の知的財産を適切に管理･保護し、重大な損失を被るリスクを回避する。

リターン……優れた新品種、鮮度や高度な技術に基づく品質、地域の特色ある食文化等の価値を活かすことにより、現地市場を獲得し、利益を得ていくことができる。

「農林漁業法人等に対する投資の円滑化に関する特別措置法」

海外現地法人を設立し、設備投資等を行う場合の資金供給を促進するとともに、農林漁業法人等に対する投資の円滑化に関する特別措置法に基づき、輸出に取り組む事業者の海外現地法人等への投資を行う投資事業有限責任組合（ＬＰＳ）の組成による資金供給の促進に取り組む。

GI（地理的表示）制度の活用

農林水産省では、加工食品など輸出向け産品の登録を促進する観点から、2022 年 11 月、農林水産物・食品のＧＩ制度の運用を見直した。

→生産実績の年数（25 年）に関する登録の要件を知名度の高い産品で緩和するなど、ＧＩの更なる活用によりジャパンブランドとして販路開拓を推進する。

海外における日本のブランド産品の模倣品等の流通を防ぐため、ベトナム、タイ、中国等とのＧＩの相互保護の枠組みづくり等の相互保護に向けた交渉を進める。

5-8 輸出支援体制

規制やニーズに対応した加工食品等への支援

計画的な施設整備に対する支援

輸出先国・地域の規制に対応するHACCP対応施設などの整備目標達成に向けて、計画的な施設整備への支援を行うとともに、厚生労働省及び農林水産省が連携し、輸出促進法に基づく適合施設の認定を迅速に行う。

輸出先国の規制等に対応

輸出先国・地域の規制等に対応した加工食品の製造を促進するため、地域の中小事業者が連携して輸出に取り組む加工食品クラスターの形成を支援する。

JAS規格に有機酒類を追加

改正JAS法に基づき、有機加工食品のJAS規格に有機酒類を追加し、アメリカやEU等と有機酒類の認証の同等性確保の交渉を進める。

輸出に対応する加工・流通施設の整備目標

項　目	内容（輸出先国等）	件数（2020年）	件数（2025年）
牛肉処理施設	アメリカ、EU、香港等	15	25
	台湾、シンガポール等	25	40
豚肉処理施設	シンガポール、タイ等	8	13
食鳥処理施設	香港、シンガポール、EU等（正肉輸出）	3	10
鶏卵農場・処理施設	シンガポール、アメリカ	12	20
農産物流通・加工施設	輸出先国のニーズに応じた加工、品質管理等への対応	48	120
木材加工施設	アメリカ、中国、韓国、台湾等	5	25
水産加工施設	アメリカ	484	760
	ベトナム	718	1,040
	中　国	1,554	1,850
	E　U	83	135
食品製造施設	国際認証取得（ISO22000、FSSC22000、JFS-C）	2,219	4,500
水産物産地市場	E　U	1	4
卸売市場	HACCP対応化	1	4
	大ロット化	1	9

注　：牛肉処理施設及び水産加工施設の件数は、一施設で複数の国・地域の認定を受けているものを含む。

5-9 輸出支援体制

日本の強みを守るための知的財産対策強化

農林水産物・食品を含む大量の物資の国境を越えた流通が活発化する中、日本の農林水産分野及び食品産業分野の知的財産を戦略的に創出・保護・活用することにより、国際競争力の強化を図ることが重要となっている。

農業分野における技術・ノウハウ等の知的財産

農業分野における営業秘密の保護ガイドライン

「不正競争防止法」(平成5年法律第47号)の営業秘密を保護する枠組みを活用できるよう、農業分野固有の取引慣行等を踏まえた営業秘密の管理方法等を整理した「農業分野における営業秘密の保護ガイドライン」の現場での導入・活用を促進。

模倣品対策

海外における知的財産保護

模倣品対策を効率的・効果的に行うためには、海外における知的財産権の確立などの積極的な対応と、出願状況や市場を監視し、冒認商標や模倣品を発見次第、必要な対策を適時的確に講じる対応の両面が必要。

輸出先国・地域の知的財産制度や司法制度に詳しい現地法律事務所などと契約し、継続的にかつ速やかな模倣品の監視・調査、排除等による知的財産保護の取組を強化。

植物品種

育成者権の保護管理の強化

種苗法の2020年改正による登録品種の海外持出制限や登録品種の増殖の許諾制等を活用。

育成者権者の適切な品種管理により海外流出防止を進めるとともに、海外での侵害にも権利行使ができるよう海外育成者権取得や侵害対策を支援。

和牛遺伝資源

家畜改良増殖法(昭和25年法律第209号)

2022年9月末までに実施した全国の家畜人工授精所への法令の遵守状況に係る調査やその結果を受けて実施した立入検査等を踏まえ、指導内容の徹底を図り、更なる流通管理の適正化を推進。

JAS規格選定

日本の規格・標準の国際標準化

農林水産物・食品の輸出促進に資するJAS規格を選定し、戦略的に国際標準化に取り組むなど、日本の規格・標準の国際標準化に取り組む官民の体制を強化。

5-10 輸出支援体制

育成者権管理機関の設立に向けた取組

育成者権者に代わって、海外への品種登録や侵害の監視を行うとともに、国内農業の振興や輸出戦略と整合する形で海外にライセンスし、育成者権者にロイヤリティを還元する育成者権管理機関の設立に向けた取組が進められている。

育成者権管理機関の設立

・改正種苗法が施行され、育成者権者が登録品種の海外持出制限や自家増殖の許諾制を活用し、育成者権の保護・活用に取り組みやすくなったが、公的機関等の開発者では、登録品種の適切な管理や侵害対策の徹底が難しい。
・既に多くの果樹等の優良な品種が海外に流出し、その生産が無秩序に拡大していくと国内生産者に不利益を及ぼす。
・新品種からの許諾料収入が低廉であることから品種開発への投資も難しい。

育成者権管理機関の設立に向けた取組が進められている。まずは農研機構を中心に、都道府県、日本種苗協会、全農等の関係者が連携し、2023年度から海外への品種登録や海外ライセンスの取組に着手し、早期の法人設立を目指す。

輸出に対応する加工・流通施設の整備目標

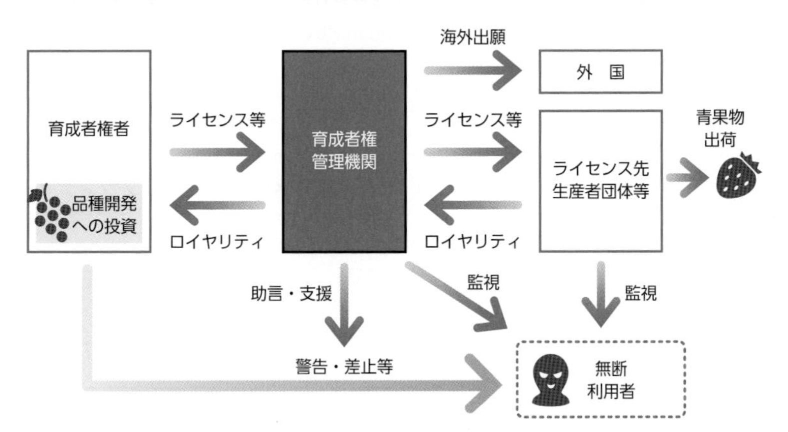

5-11 輸出支援体制

JETROによる輸出事業者サポート

JETRO（ジェトロ、独立行政法人日本貿易振興機構）は2003年10月、日本貿易振興機構法に基づき、前身の日本貿易振興会を引き継いで設立された。農林水産食品部の事業費は、主に農林水産省からの各種補助金により手当されている。

JETROによる農林水産物・食品輸出事業者サポート

(1) 輸出事業者等サポート

1. スキルアップ支援
 ① セミナー
  商談スキルセミナー／品目別セミナー／海外マーケットセミナー
 ② 相談対応
  農林水産・食品輸出相談窓口（国内・海外）／海外コーディネーターによるE-mail相談
 ③ 輸出プロモーター
  輸出に熱意があり有望な商品を持つ企業を国内の専門家が一貫サポート
2. 制度・マーケット情報の提供
 品目別輸入制度調査／海外有望市場商流調査
3. 国内ネットワーク構築支援
 商社マッチング

(2) ビジネスマッチング支援

1. 海外見本市・商談会
 ターゲット市場で商流を築くため、海外の有力見本市にジャパンパビリオンを設け出展を支援し、海外での商談会を実施
2. 国内商談会
 世界各国の優良バイヤーとの商談会を国内各地で実施
3. 常時オンライン商談
 商品情報をデータベースに登録し、随時海外バイヤーと商談アレンジ
4. サンプルショールーム
 海外主要都市にショールームを設置し、バイヤーに新商品を提案

(3) 海外市場の開拓

1. 海外コーディネーターによる新規バイヤーの開拓
2. 日本産食材サポーター店等と連携したプロモーション
3. Japan Street
 BtoBプラットフォーム（電子カタログサイト）
4. Japan Mall
 海外主要ECサイトでの買取販売支援

(4) 日本産農林水産物・食品のブランディング

JFOODOによる戦略的プロモーション
〈対象品目〉
和牛、水産物、日本茶、日本酒、本格焼酎、コメ、品目横断、日本食文化等

JFOODO

JETRO は、70 カ所以上の海外事務所と本部（東京）、大阪本部、アジア経済研究所、国内事務所合わせて約 50 の国内拠点からなる国内外ネットワークを持ち、対日投資の促進のほか、農林水産物・食品の輸出や中堅・中小企業等の海外展開などを支援している。

1　輸出事業者等サポート

農林水産食品部は2021年度から､｢総括｣｢ツール(機能)｣｢案件形成｣に整理され、4 課の体制で事業を執行している。具体的な有望案件を形成してツールに乗せることで成果創出につなげる体制を明確化するとともに、ハンズオン支援を強化し、部全体のパフォーマンス向上を図っている。

輸出セミナーの開催

輸出を目指す事業者を対象とした、商談スキルの向上、最新の海外マーケットやトレンド、品目別での輸出先国の規制や輸出を進めるためのポイント等、幅広いテーマの輸出セミナーを開催。

制度・マーケット情報の提供

輸出先各国の制度及び市場情報等について調査を行い、JETRO ポータルサイトで情報を提供。

農林水産物・食品輸出相談窓口

「わが社の商品は、海外で売れるか？ 海外で競合する商品はあるか？」など、輸出を目指す事業者が気軽に相談可能な窓口を国内・海外に設置。

輸出プロモーターによる個別支援

輸出戦略のアドバイス、輸出体制構築支援
マーケット情報の収集支援
バイヤー情報の収集支援
商談会・見本市動向
商談フォローアップ支援
契約締結アドバイス
代金回収
一貫したサポートを提供
現地の商習慣は日本とどう違う？
現地では競合商品があるの？

農林水産・食品分野の専門家が、国内事業者の製品や会社の状況にあわせて戦略を策定し、マーケット・バイヤー情報の収集や海外見本市の随行、商談の立会い、契約締結までを一貫してサポート。

2　ビジネスマッチング支援等

JETRO では、海外見本市への出展支援、国内・海外での商談会開催、サンプルショールーム設置等によるビジネスマッチング支援、日本産食材等の需要喚起のためのプロモーション等を実施している。

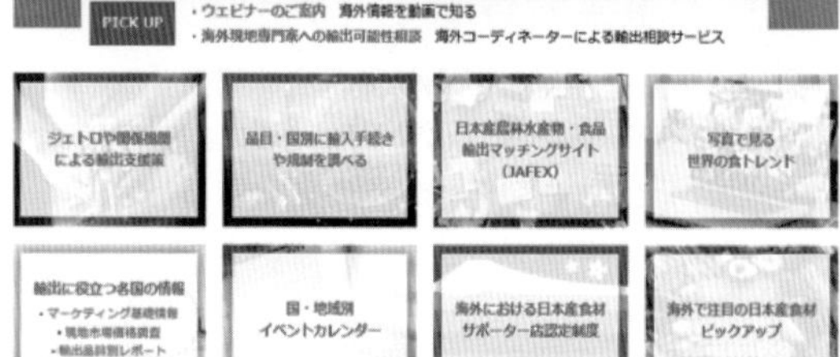

農林水産物・食品の輸出支援ポータル
https://www.jetro.go.jp/agriportal.html

海外見本市出展・商談会開催

効率的にマーケティング調査ができる

「フェイス to フェイス」ならではの効果的な PR

JETRO が参加する海外見本市のジャパン・パビリオンへの出展サポート（出展企業・団体を公募）※ や、商社やバイヤーを招聘した商談会を実施。

※一部出展経費を JETRO が補助（見本市により補助対象・補助率が異なる）

サンプルショールーム設置

JETRO の海外事務所等に、現地バイヤー等が随時閲覧・試食等可能な食品サンプルショールームを通年またはスポットで設置。

現地バイヤーを誘致し、商品サンプルに関心を示した現地バイヤーとのテレビ会議システムを活用したオンライン商談を実施。

商品に関心を示した現地バイヤーと接触が可能に

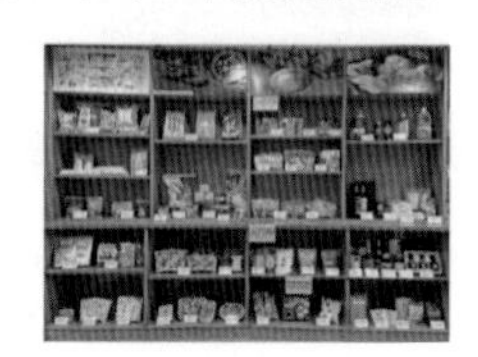

3　海外市場の開拓

海外コーディネーターによる輸出支援相談

JETRO が海外に配置する農林水産・食品分野の専門家（海外コーディネーター）が、E-mail での輸出（自社商品の輸出の可能性、競合品、現地のトレンドなど）相談、ブリーフィングを無料で実施。

海外現地専門家への輸出可能性相談
海外コーディネーター（農林水産・食品分野）による輸出相談サービス

海外コーディネーター設置国（例）

〔対象国・地域〕

北米　ニューヨーク、ロサンゼルス、サンフランシスコ、トロント
欧州　ロンドン、パリ、ベルリン、ミラノ、モスクワ
東南･南アジア　シンガポール、バンコク、マニラ、ホーチミン、クアラルンプール、ニューデリー
東アジア　北京、上海、広州、香港、ソウル、台北
大洋州　シドニー
中南米　サンパウロ、メキシコ

現地の最新トレンドや売れ筋商品を知りたい

日本産食材サポーター店等と連携したプロモーション

海外で日本産食材を積極的に使用している日本産食材サポーター店（飲食・小売店）等と連携し、重点品目の販路拡大に向けた日本産食材等のプロモーションを実施。

日本産食材サポーター店認定制度

民間が主体となり、日本産食材を積極的に使用する海外の飲食店・小売店を「サポーター店」として認定する制度。認定店舗数は約 8,000 店（2023 年 4 月時点）。日本産農林水産物・食品のユーザーである飲食店等を「見える化」し海外需要を拡大することで、輸出促進を図る。

輸出支援体制

JFOODOの概要

日本産の農林水産物・食品のブランド力を高めて輸出拡大に貢献していくため、2017年4月に設立され、18年1月からSNSを中心に動画等のデジタル広告、PRイベントの開催等、海外市場分析に基づく現地での戦略的プロモーションを実施。

組織概要（2023年5月現在）
名称
日本食品海外プロモーションセンター
センター長
小林栄三（伊藤忠商事㈱前会長・現名誉理事）
執行役
中山 勇、北川浩伸
スタッフ
本部：39名（センター長、執行役含む）
海外駐在員：4名（イギリス、フランス、香港、シンガポール）

日本の強みを最大限に発揮するための取組

農林水産物・食品の輸出拡大実行戦略における位置づけ

ＪＦＯＯＤＯ（ジェイフードー）は、ターゲット国・地域において海外現地の体制を強化し、拡大する海外市場の消費者向けに日本の農林水産物・食品の魅力を効果的に伝え、導入・消費につなげる役割を果たす。

- 日本の農林水産物・食品の価値が輸出先国・地域の消費者に正しく理解され、価値にふさわしい対価で取引される環境醸成（マーケットメイク）に取り組む。
- 現地ニーズに合わせ複数の輸出重点品目を組み合わせたプロモーションを進める等の品目横断的な取組を展開し、新たな需要の拡大に取り組む。
- 認定品目団体等が実施するマーケティング活動を支援するとともに、認定品目団体等と連携して取り組むオールジャパンでのプロモーションは品目や国・地域を重点化し、複数年にわたり継続的に実施してその効果を最大化させる。
- 「日本食ポータルサイト」の構築・充実化や日本産食材サポーター店の活用を通じた日本の食文化の発信による更なるマーケットメイクに向けて、戦略的なプロモーションの実施に取り組む。

プロモーション内容

消費者向け認知拡大

プロモーションコンセプトを訴求するための動画コンテンツを制作し、SNS での発信やインフルエンサー等による拡散を実施。各国での認知向上、興味・関心の喚起を行う。

広東魚介料理×日本酒の PR 動画
（SEAFOODO LOVES SAKE）
（日本酒・香港）

和牛生産者のこだわり動画
（The Story of Japanese Wagyu）
（和牛・アメリカ）

消費者向け興味・関心喚起

現地飲食店・小売店と連携したキャンペーンを展開。各国の祭事等とも連動させ、参加意欲を高めるとともに、おすすめの料理や食べ方を訴求し、購入意欲を喚起する。

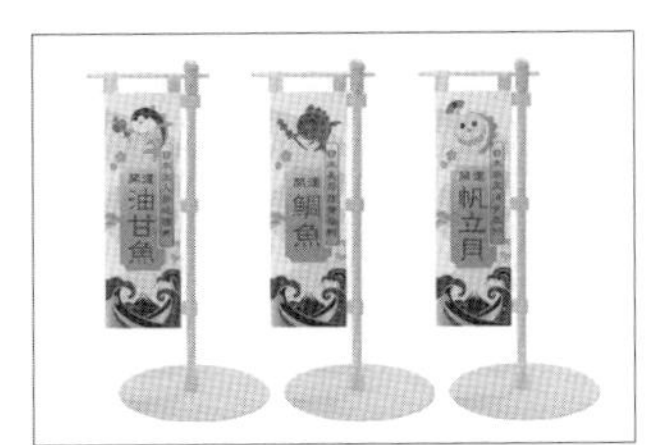

香港における日本産水産物の
小売店向けキャンペーン

米国における本格焼酎・泡盛のバーでの展開

事業者向けセミナー・ワークショップ

現地飲食店のシェフ・ソムリエ等を対象としたセミナー・ワークショップを開催。日本産食材の魅力を発信し、取扱い意向の向上に努める。

米国の高級和食店のオーナーやシェフ・スタッフを対象とした日本茶のワークショップ

香港のシェフを対象とした日本産米の
ワークショップ

※写真は農林水産省提供

JFOODO プロモーション具体例

2022 年度の事業では、引き続き海外市場分析に基づく戦略的プロモーションを継続するとともに、品目団体との連携した取組等を強化し、海外現地における日本産農林水産物・食品の更なる消費拡大の取組を実施。

牛　肉

実施エリア

アメリカ、ヨーロッパ

取組内容

消費者の食生活に浸透するようなメニュー開発、また現地店頭にて販促ツールを活用した販売促進活動を実施。

日本茶

実施エリア

アメリカ、ヨーロッパ

取組内容

オンラインを活用した消費者向け施策に加え、現地飲食店事業者を新たなターゲットとし、メニュー開発・キャンペーンを実施することで、現地消費を拡大。

水産物（ホタテ、ブリ、タイ）

実施エリア

香港、台湾、アメリカ

取組内容

香港・台湾はオンライン広告、現地店頭での販売促進活動を実施。アメリカではブリを取扱品目とし、レシピ開発や調理方法のレクチャー、WEB・マスメディアでの情報発信を実施。

コメ

実施エリア

香港

取組内容

日本産コメを用いたレシピ開発、店頭プロモーション、消費者向け情報拡散等を実施。

※写真は農林水産省提供

日本酒

実施エリア

中国、香港、アメリカ等

取組内容

店頭でのプロモーション、スタッフトレーニング、ディストリビューター向け説明会、PRイベント等を実施。

本格焼酎

実施エリア

アメリカ

取組内容

体験イベントやWEB情報発信を通じ、「原材料の風味が豊かで、Barで楽しむことができる新しいタイプの蒸留酒」であることを発信。

品目横断の取組

実施エリア

アメリカ等

取組内容

麹が生み出す栄養価や機能性を軸に、調味料としての調理効果と、日本産食材との組み合わせによる対策を実施。

5-13 輸出支援体制

JETRO・JFOODOと品目団体等の連携

JETRO・JFOODOと認定輸出促進団体（認定品目団体）等の連携

JETROは、認定品目団体等の要望を反映するため、認定品目団体等の代表と意見交換を行う会議体としてこれまでの分科会を改組し、2021年10月に運営審議会農林水産物・食品輸出促進分科会を設置。

品目団体・JETRO・JFOODO・輸出支援プラットフォームの連携の考え方

今後の輸出拡大のためには、品目団体、JETRO、JFOODO及び輸出支援プラットフォームがそれぞれの強みを活かした役割分担をしながら、一体的に取り組むことが必要。

考え方1

品目団体、JETRO、JFOODO、輸出支援プラットフォームが有するそれぞれの「強み」を活かした連携強化を図ることが必要。

それぞれの「強み」

① 品目団体：会員を結束できる
② JETRO：各種商談機会の提供を通じたビジネスマッチング等の商流構築への支援
③ JFOODO：海外におけるマーケティング戦略を策定、消費者向けプロモーションを実施
④ 輸出支援プラットフォーム：各国・地域の特性を把握、各国の関係機関との連携力

考え方2

(1) 市場可能性調査 → (2) 進出戦略立案 → (3) 進出事前準備 → (4) 販路開拓の流れを段階的に、着実に実施していくことが必要。

各段階で「輸出拡大のプロ」と積極的に連携することが必要で、従前のような(1)→(2)→(3)を飛ばしていきなりの(4)では、持続的な輸出は困難。

5-14 輸出支援体制

インバウンドとの連携

2022年10月の観光立国推進閣僚会議において、インバウンドを農林水産物・食品の更なる輸出拡大につなげるよう議論された。12月に改訂した輸出拡大実行戦略では、インバウンドと輸出を相乗的に拡大することを追加し、JETRO、JFOODO、JNTO（日本政府観光局）は「日本の農林水産物・食品のインバウンドと観光の促進に向けた相互連携に関する覚書」を締結した。

三者の強みを生かした主な取組

① デジタルマーケティング関連事業
② 海外で開催されるプロモーションイベント等
③ 海外現地事務所間の情報共有等

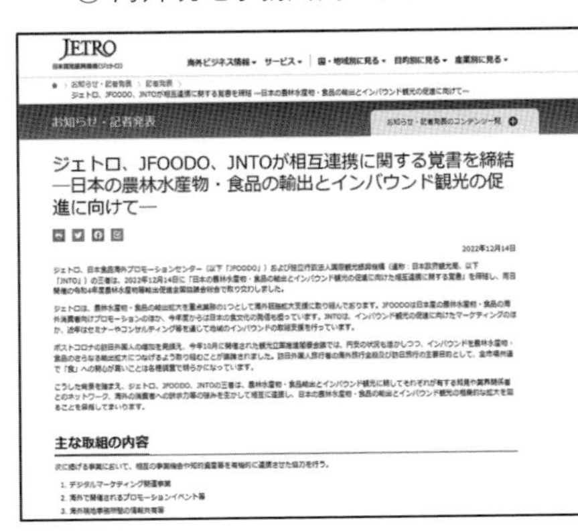

JETRO

お知らせ・記者発表

ジェトロ、JFOODO、JNTOが相互連携に関する覚書を締結
―日本の農林水産物・食品の輸出とインバウンド観光の促進に向けて―

2022年12月14日

主な取組の内容

1. デジタルマーケティング関連事業
2. 海外で開催されるプロモーションイベント等
3. 海外現地事務所間の情報共有等

ジェトロのプレスリリース
（2022年12月14日）

令和４年度農林水産物等輸出促進全国協議会総会での三者の覚書の紹介

予算による支援

農林水産物・食品の輸出拡大実行戦略に基づく官民一体となった海外での販売力の強化、マーケットインの発想で輸出にチャレンジする農林水産事業者の後押し、省庁の垣根を超えた政府一体となった省外の克服等の取組を支援している。

最新の予算の概要：
https://www.maff.go.jp/j/shokusan/export/zigyou-gaiyou.html
輸出事業者に対する輸出予算の説明会に関する情報：
https://www.maff.go.jp/j/shokusan/export/gfp/yosan_setsumei.html

※予算の説明動画や逆引き表などを掲載。

海外への日本食・食文化の普及に向けた国の取組

農林水産省では、日本産食材サポーター店認定制度（P113参照）等のほか、海外への日本食・食文化の普及に向けて以下のような取組を実施している。

海外における日本食・食文化発信の担い手育成（外国人料理人の育成等）

日本産品や日本食・食文化の魅力を発信し、我が国の食関連事業者等が海外展開をする際にパートナーとなり得る人材を育成。

① 日本料理の調理技能認定制度
② 日本食普及の親善大使を活用したセミナー及び料理講習会
③ 海外の外国人料理人を招聘した日本料理店研修
④ 外国人料理人による日本料理コンテスト 等

日本料理店での研修

トップセールスによる日本食・食文化の魅力発信

総理、大臣等の国際会議出席や出張等の機会に合わせ、日本産食材を活用したメニューのレセプションを実施。

国連総会（2022年9月・NY）

和食レセプション（2019年4月・ローマ）

日本食・食文化の紹介映像の制作、発信

日本産品や日本食・食文化の魅力を発信する動画コンテンツ等を制作し、NHKワールドやTaste of Japan（日本食ポータルサイト）、maffchannel（YouTube）等で発信。

日本産食材サポーター店PR動画

日本食バーチャル体験コンテンツ

※写真は農林水産省提供

第3章

改正輸出促進法のポイント

改正輸出促進法の概要

輸出促進法等を改正し、オールジャパンで輸出先国・地域のニーズ調査やブランディング等を行う団体の認定制度の創設、輸出事業計画の認定者に対する新たな金融上の対応、JAS 規格の対象として有機酒類の追加などの措置をとることとした。

農林水産物及び食品の輸出の促進に関する法律等の一部を改正する法律
(令和４年法律第 49 号　令和４年５月 25 日公布)
施行日：2022 年 10 月 1 日

改正のポイント

1　品目団体の法制化 (輸出促進法の改正)

輸出品目ごとに、オールジャパンで輸出先国・地域のニーズ・規制の調査や商談会への参加・広報宣伝などのブランディング等を行う法人を、申請に基づき国が認定農林水産物·食品輸出促進団体(認定輸出促進団体)として認定する仕組みを創設。

【支援措置】

・民間金融機関からの借入れに対する債務保証による資金調達の円滑化支援（中小企業信用保険法、食品等の流通の合理化及び取引の適正化に関する法律〈食品等流通法〉の特例）
・(独)農林水産消費安全技術センター（FAMIC）による規格策定支援
・(独)日本貿易振興機構（JETRO）による商流構築支援

2　輸出事業計画の支援策の拡充（輸出促進法の改正）

輸出額目標の達成に向けては、輸出事業者の取組をより強力に後押しする必要があるため、金融・税制など、輸出事業計画の支援策を拡充。

(1) 農林水産物・食品輸出基盤強化資金の創設
（株式会社日本政策金融公庫法の特例）

輸出にチャレンジする事業者を資金面から強力に後押しするため、長期・低利の設備資金・長期運転資金・海外子会社等への転貸を新設し、償還期限を 25 年以内とする制度資金を創設。

⑵ 所得税・法人税の特例（割増償却）（租税特別措置法を別途改正）

輸出事業計画に基づき行う施設等の整備について５年間の割増償却措置を講じ、設備投資後のキャッシュフローを改善。

⑶ スタンドバイ・クレジット（㈱日本政策金融公庫による債務保証）（株式会社日本政策金融公庫法の特例）

海外現地子会社等が現地金融機関から現地通貨建ての融資を受けるに当たって、㈱日本政策金融公庫が信用状（スタンドバイ・クレジット）を発行して債務を保証し、海外での円滑な資金調達を支援。

⑷ 食品等流通合理化促進機構による債務保証（食品等流通法の特例）

商談会や展示会への出展等の販路開拓、テスト輸出等の輸出事業に当たって必要な資金を民間金融機関から借り入れる際に、食品等流通合理化促進機構が債務を保証し資金調達を円滑化。

⑸ 農地転用手続のワンストップ化（農地法の特例）

輸出事業計画の認定手続と農地転用の許可手続をワンストップ化することで手続を簡素化し、申請者の負担を軽減。なお、転用許可の要件に変更はない。

３　民間検査機関による輸出証明書の発行（輸出促進法の改正）

輸出証明書を速やかに発行できる体制を整備するため、国の登録を受けた民間検査機関（登録発行機関）が輸出証明書を発行できる仕組みを創設。

４　JAS 法（日本農林規格等に関する法律）の改正

・JAS 規格の制定の対象に有機酒類を追加。
・登録認証機関の有する事業者の認証にかかる情報が他の登録認証機関に提供される仕組みを導入。
・認定輸出促進団体が同等性交渉を行うよう国に提案した場合の国の責務を規定。

５　FAMIC 法（独立行政法人農林水産消費安全技術センター法）の改正

FAMIC の業務に、認定輸出促進団体への協力業務を追加。

1-1 品目団体の法制化

品目団体の法制化

品目団体組織化の背景として、国内の産地・事業者から、個々では負担が大きい市場調査、ジャパンブランドによる共同プロモーションなどの非競争分野の輸出促進活動をオールジャパンで行えるとありがたいなどの要望があがっていた。

【産地・事業者の課題例】

個社でPRを行うには限界がある。事業者が集まって各社が現地で効率良くPRを行う機会がほしい。

各国で規制内容が違う上に変化するので、個社で最新情報を把握し続けることは難しい。

輸送時のカビ発生等によるロスが業界共通の問題。ロスを防ぐ技術開発が必要。

海外では日本の地方名は知られていない。日本産であることをブランド化した方が良い。

課題が次々と出てきて、どう対応していいかわからないことが多い。具体的な対応策の情報を得る場があるとありがたい。

ロット確保できず販売機会を逃している。産地間で調整できるようにしたい。

輸出先進国は品目団体が海外市場の開拓の一翼を担う

多くの輸出先進国

品目団体を組織化し、業界一体となって輸出先国でのプロモーション・販売促進、調査・研究等を実施

日　本

組織化された品目団体がなく、各都道府県又は各事業者単位で輸出に取り組んでいる

輸出先進国における品目団体の活動状況

米国食肉輸出連合会（USMEF）

ごちポのロゴマーク

・食肉関連企業や生産者団体等から構成される非営利団体
・市場動向の分析や小売店・レストランと連携した販売促進、消費者向けプロモーション等を実施（年間予算約 4,980 万 USD）

豪州食肉家畜生産者事業団（MLA）

・牛等の生産者から構成される食肉製品のマーケティング・研究機関
・オージービーフのプロモーション、消費者向けレシピ･リーフレットの作成及び配布、流通業者へのセミナー等を実施（年間予算約 1 億 9,590 万 USD※）

※輸出促進以外の国内向け対策も含む。

シャンパーニュ地方ワイン生産同業委員会

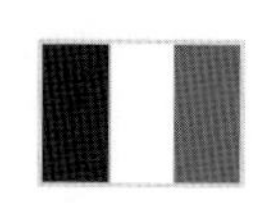

・ブドウ生産者、シャンパーニュ醸造者等から構成される半官半民の団体
・PR やブランドの名称保護・啓蒙、市場調査、ブドウの品種改良や技術開発等を実施（年間予算約 1,900 万 EUR※）

※輸出促進以外の国内向け対策も含む。

1-2 品目団体の法制化

農林水産物・食品輸出促進団体認定制度

他の輸出先進国並みの体制を構築するため、改正輸出促進法により、輸出品目ごとにオールジャパンで輸出の促進を図る農林水産物・食品輸出促進団体の認定制度を創設した。

認定農林水産物・食品輸出促進団体（認定輸出促進団体）

農林水産物又は食品の輸出の促進を図ることを目的として、当該農林水産物又は食品の輸出のための取組を行う者が組織する団体。

(1) 認定輸出促進団体の構成

・生産、製造、流通、販売等、輸出に係る関係者が緊密な連携により活動を実施。
・輸出促進業務を行うことができる組織体制（知識・能力）を有する法人であること。
（会員例）生産・製造分野：生産者、生産者団体、食品メーカー
　　　　　流通分野：卸売業者、流通業者団体、運送業者　等
　　　　　販売分野：輸出商社　等

(2) 認定輸出促進団体の業務（輸出促進業務）

【必須業務】
・輸出先国の市場・輸入条件（規制）等の調査・研究
・商談会への参加、広報宣伝等による需要開拓
・輸出に関する事業者への情報提供・助言
【任意業務】
・輸出促進に必要な包材・品質等の規格の策定
・輸出のための取組を行う事業者から拠出金を収受し、輸出促進の環境整備に充てる仕組みづくり（任意のチェックオフ）

バイヤーとの商談

店頭プロモーション

輸送規格を作成し荷潰れを防止
※写真は農林水産省提供

認定申請
法人であることが必要

【必要書類】
1 申請書
　①対象品目
　②団体の構成員 等
2 業務規程 等

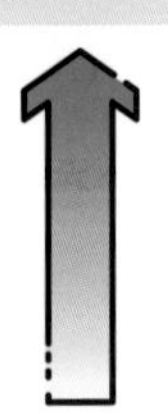

認定・支援

主務大臣
農林水産大臣・財務大臣（酒類のみ）

農林水産物・食品輸出促進団体の認定要件

【農林水産物又は食品の種類】

対象は、「海外で評価される日本の強みがあり、輸出拡大余地を有し、関係者が一体となった輸出促進活動が効果的な品目」とする。このため、農林水産物・食品の輸出拡大実行戦略において、輸出重点品目に選定されているものが基本となる。

【品目ごとの団体数】

対象とする農林水産物・食品は、基本的に他の認定輸出促進団体が対象とする種類でない。

【多様な事業者との連携】

輸出促進業務の実施に当たり、生産から販売に至る一連の行程における事業者が構成員に含まれている、又は一部の行程における事業者が構成員に含まれていない場合には、当該行程における事業者の意見も聴く体制としている。

【団体への加入】

構成員となることを希望する者に対して不当な差別的取扱いをしない。

【輸出拡大のための計画】

農林水産物又は食品の輸出の拡大に向けた中期的な計画を有する。

1　基本方針に照らし適切
2　法令に違反しない
3　次の基準に適合
⑴ 輸出の拡大に資する
⑵ 生産から販売に至る一連の行程における事業者との緊密な連携が確保されている
⑶ 特定の地域で生産、製造、加工された農林水産物・食品に限定するものでない（→オールジャパンでの取組を行う）
4　知識・能力・経理的基礎を有する
5　省令で定める要件に適合する
6　法人である

輸出重点品目

29品目

牛肉、豚肉、鶏肉、鶏卵、牛乳・乳製品、りんご、ぶどう、もも、かんきつ、かき・かき加工品、いちご、かんしょ・かんしょ加工品・その他の野菜、切り花、茶、コメ・パックご飯・米粉及び米粉製品、製材、合板、ぶり、たい、ホタテ貝、真珠、錦鯉、清涼飲料水、菓子、ソース混合調味料、味噌・醤油、清酒（日本酒）、ウイスキー、本格焼酎・泡盛

認定農林水産物・食品輸出促進団体の認定状況

改正輸出促進法に基づき、これまでに17品目9団体を認定輸出促進団体として認定（2023年4月時点）。認定輸出促進団体を中核とし、オールジャパンによる輸出促進を強力に展開していく。

認定日	認定団体名	対象とする輸出重点品目
2022年10月31日	（一社）全日本菓子輸出促進協議会	菓　子
	（一社）日本木材輸出振興協会	製材、合板
	（一社）日本真珠振興会	真　珠
2022年12月5日	日本酒造組合中央会	清酒（日本酒）、本格焼酎・泡盛
	（一社）全日本コメ・コメ関連食品輸出促進協議会	コメ・パックご飯・米粉及び米粉製品
	（一社）全国花き輸出拡大協議会	切り花
	（一社）日本青果物輸出促進協議会	りんご、ぶどう、もも、かんきつ、かき・かき加工品、いちご、かんしょ・かんしょ加工品・その他の野菜
2023年3月31日	（公社）日本茶業中央会	茶
	（一社）全日本錦鯉振興会	錦鯉

7団体に対して、野村農林水産大臣、鈴木財務大臣から認定証を授与（2022年12月農林水産物等輸出促進全国協議会総会）

表彰された日本食海外普及功労者表彰受賞者、輸出に取り組む優良事業者表彰受賞者とともに岸田内閣総理大臣等と記念撮影を実施（同左）

※写真は農林水産省提供

改正輸出促進法による支援

⑴ 中小企業信用保険法の特例

一定の要件を満たす一般社団法人・一般財団法人を、中小企業信用保険法の中小企業者とみなし、同法の保証保険の対象とする

⑵ 食流機構による債務保証

食品等流通合理化促進機構（食流機構）は、認定輸出促進団体の業務に必要な資金の借入れに係る債務保証を行うことができる

⑶ FAMICによる協力

FAMICは認定輸出促進団体の依頼に応じ、専門家の派遣その他規格の策定に関し必要な協力を行うことができる

⑷ JETROの援助

JETROは認定輸出促進団体の依頼に応じ、輸出促進業務の実施に必要な助言その他の援助を行う（努力義務）

予算による支援

輸出重点品目について、認定輸出促進団体等が自ら作成した輸出拡大計画に沿って行う業界関係者全体の輸出力の強化につながる取組を、以下のメニューにより支援。

・輸出ターゲット国の市場調査・規制調査
・海外におけるジャパンブランドの確立
・業界関係者共通の輸出に関する課題解決に向けた実証等
・海外における販路開拓活動
・輸出促進のための規格の策定・普及
・国内事業者の水平連携に向けた体制整備
・輸出手続や商談等の専門家による支援
・新規輸出国開拓に向けた調査、輸送試験

1-3 品目団体の法制化

認定輸出促進団体の具体的活動例

品目により輸出に必要な取組はさまざまであることから、品目団体が関係者の意見を取りまとめて必要な取組を選択し、構成員と連携して実施することを想定している。

オールジャパンでの共同プロモーション

一産地の一過性の取組でなく、日本産全体の認知度が向上

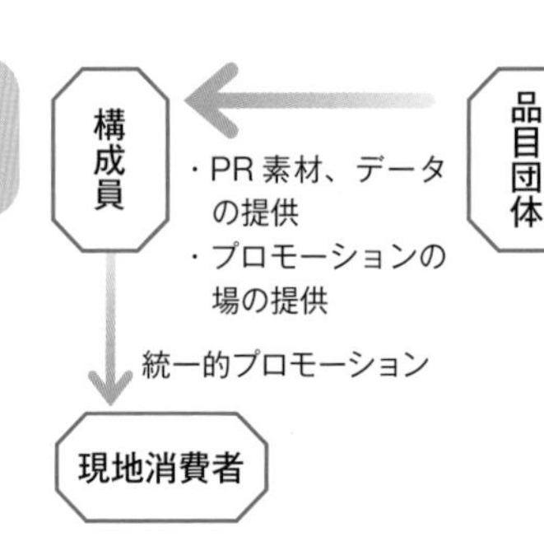

■ ジャパンブランドの確立・浸透

現地の市場におけるジャパンブランドの強み、競合国との差異を検証し関係者へPR。必要に応じ偽装防止対策も実施

■ オールジャパンによる販売

構成員連携によるジャパンブランドを前面に出した販売の実施

海外における販路開拓・拡大

現地活動強化により新規需要獲得、他国から置換え、契約の継続・拡大

構成員
要望
品目団体
・見本市等への共同出展
・現地セミナー等の企画
・バイヤーニーズ、現地情報の提供
団体と連携し販路拡大
現地バイヤー等

■ 見本市等の活用

品目特性に合った見本市等における売込み

■ バイヤー・小売等へのセミナー、招聘

日本産の特性や活用法等を現地関係者へ普及

■ 海外拠点等の設置

海外における販路拡大の核を作り、新規販売先の開拓、バイヤーとの関係構築

販売員・バイヤー向け勉強会
※写真は農林水産省提供

共通課題の解決

・個社で対応できない課題を解決
・中小事業者もマーケットイン輸出が可能な環境整備

構成員
業界課題の集約
品目団体
・規格の策定
・調査・実証結果提供
・相談対応、ノウハウの共有

■ 規制・市場調査の実施

・リアルタイムに規制等の情報収集・提供、実務者向けレポート作成
・規制対応検討会の設立、試験研究の実施
・販売に直結するマーケット、競合商品、消費者嗜好等の調査の実施

■ 規格・マニュアル作成

品質低下やロス防止に向け、輸送資材や温度管理等の規格を作成

■ 相談窓口の設置

輸出手続き、商談、輸送方法等の相談窓口を設置

■ 輸送実証等

産地間連携による供給力強化

関係者の連携強化

産地間連携による供給力強化

■ 連携検討会の実施

リレー出荷やロット確保に向け、品質や規格等の統一などを関係者で検討

■ 産地データベースの作成

バイヤー向けに輸出産地の出荷時期、出荷量、原材料、コーシャ・ハラル対応、有機対応等のデータベースを作成

2-1 輸出事業計画の支援策の拡充

輸出事業計画の認定制度

輸出事業計画の認定制度とは、農林水産物･食品の輸出の拡大を図るため、生産、製造、加工又は流通の合理化、高度化その他の改善を図る事業（輸出事業）に関する計画（輸出事業計画）を作成し、農林水産大臣に提出して、その認定を受けることができる制度をいう。

輸出促進法等の改正により、以下の制度を新たに措置した。
① 農林水産物・食品輸出基盤強化資金
② 輸出事業用資産の割増償却（所得税・法人税の特例）
③ 日本政策金融公庫によるスタンドバイ・クレジット制度
④ 食品等流通合理化促進機構による債務保証
⑤ 農地転用手続のワンストップ化

輸出事業計画への記載が必要な事項

必須記載事項（第 37 条第２項）

① 輸出事業の目標
② 輸出事業の対象となる農林水産物・食品及び輸出先国・地域
③ 輸出事業の内容及び実施期間
④ 輸出事業の実施に必要な資金額･調達方法
⑤ その他農林水産省令で定める事項（輸出事業の対象となる農林水産物・食品の輸出の現状、輸出拡大に向けた課題）

輸出事業計画とは？
輸出促進法に基づく計画。輸出に関して今後取り組む内容として、「目標」「対象となる農林水産物又は食品及びその輸出先国」「内容及び実施期間」「実施に必要な資金の額及びその調達方法」等について記載するもの。

任意記載事項（第 37 条第３項）施設整備に関する計画

① 施設の種類、規模その他の施設の整備内容
② 施設の用に供する土地の所在、地番、地目及び面積等

※輸出事業用資産の割増償却（所得税・法人税の特例）、農地法の特例（農地転用手続のワンストップ化）を活用する場合には、施設整備に関する計画の記載が必須。
※農林水産物・食品輸出基盤強化資金、輸出事業用資産の割増償却（所得税・法人税の特例）、農地法の特例（農地転用手続のワンストップ化）を活用する場合には、別様式の提出が必要。

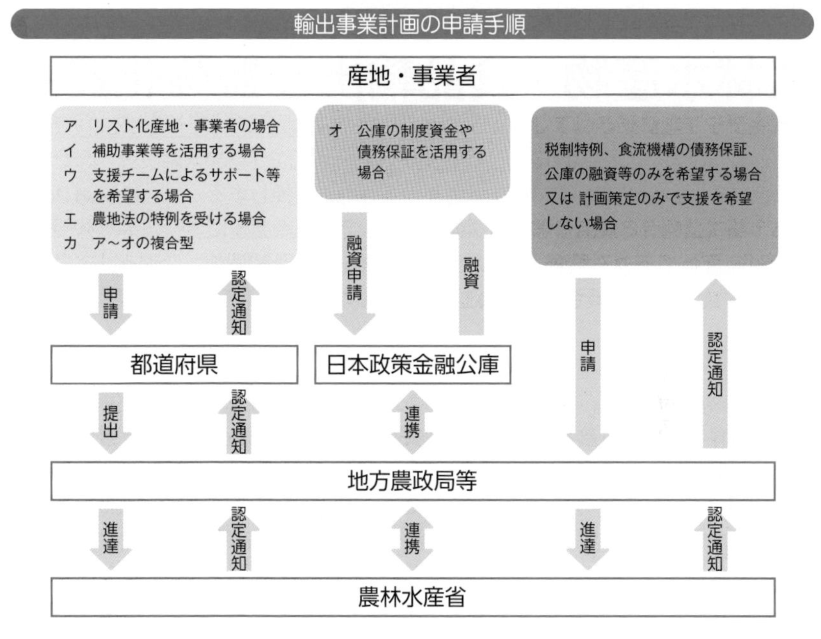

【参考】輸出事業計画の認定基準

<輸出事業計画の認定規程より>

① ターゲットとする輸出先国のニーズを具体的に把握していること。

② 輸出に対応するための課題と取組が明確な内容となっていること。

③ 目標年における輸出額の設定が現在の商流と新たな商流から適正な設定となっていること。

④ 輸出事業計画の策定、計画策定後の実証や策定した計画の見直しを行うため、輸出事業に関する知見を有する者と連携して、PDCA サイクルを回せる体制が整備されていること。

※このほか、農地法の特例（農地転用手続のワンストップ化）に係る内容を含む場合は、農林水産大臣が関係都道府県知事等に協議し、知事等から転用を許可することができない場合に該当しないものとして同意が得られることが必要（第37条第７項）。

2-2 輸出事業計画の支援策の拡充

農林水産物・食品輸出基盤強化資金

輸出にチャレンジする事業者を資金面から強力に後押しするため、株式会社日本政策金融公庫法の特例として、資金使途に長期運転資金や海外子会社等への転貸を新設し、償還期限を25年以内とする制度資金を創設した。

株式会社日本政策金融公庫法の特例

資金の概要

1　貸付対象者

認定輸出事業者（農林水産事業者、食品等製造事業者、食品等流通事業者等）

2　貸付限度額

貸付けを受ける者の負担する額の80%に相当する額（民間金融機関との協調融資を想定）

3　資金使途

改正輸出促進法に基づく認定輸出事業計画に従って実施する事業であって次に掲げるもの

① 農林水産物・食品の輸出事業に必要な製造施設、流通施設、設備の整備・改修費用

例：EU向け水産物の輸出に必要なHACCP等に対応した加工施設の整備費用、ハラールに対応した食肉処理施設の整備費用、添加物等のコンタミネーションを防止するための製造ラインの増設費用

② 長期運転資金

例：商品の試作品の製造費用、市場調査やニーズ調査に係る費用、サンプル輸出や商談会への参加に係る費用、プロモーション活動費、製造ライン本格稼働までに必要な増加経費（原材料費、人件費など）

③ 海外子会社等への出資・転貸に必要な資金（転貸に必要な資金の使途は①②）

4　償還期限

25年以内（うち据置期間3年以内）（中小企業者は、10年超25年以内）

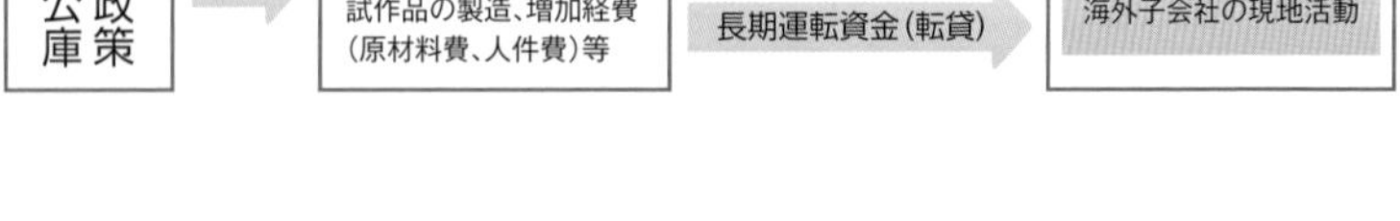

日本政策金融公庫 →融資→ 事業者（輸出向け施設の整備、試作品の製造、増加経費（原材料費、人件費）等） →市場調査、サンプル輸出等／長期運転資金（転貸）→ 輸出先国・地域（海外子会社の現地活動）

借入手続き

- 公庫から農林水産物・食品輸出基盤強化資金を借り入れるためには、輸出事業計画を作成し、農林水産省（地方農政局等）から認定を受ける必要がある。
- 公庫・民間金融機関への借入れの相談と平行して、地方農政局等に対し輸出事業計画の申請に向けた相談をする。
- 融資の決定に当たっては公庫による金融審査がある。

フロー図

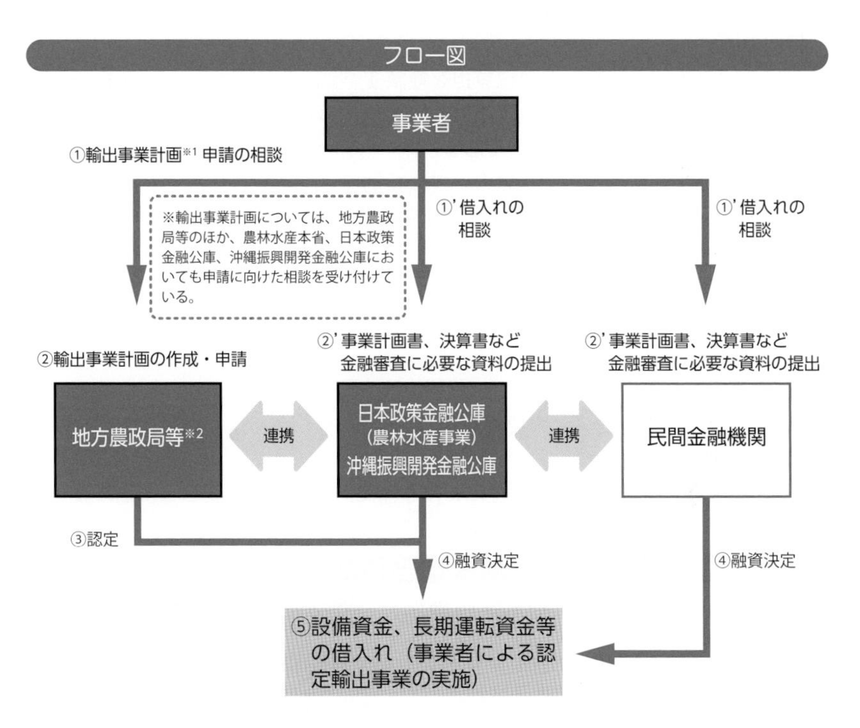

※１：輸出事業計画とは、農林水産物及び食品の輸出の促進に関する法律に基づく計画で、輸出に関して今後取り組む内容として、「目標」「対象となる農林水産物又は食品及びその輸出先国」「内容及び実施期間」「実施に必要な資金の額及びその調達方法」等について記載するものである。

※２：輸出事業計画は、最寄りの地方農政局輸出促進課（北海道は北海道農政事務所事業支援課、沖縄県は沖縄総合事務局食料産業課）に提出する。

2-3 輸出事業計画の支援策の拡充

輸出事業用資産の割増償却

租税特別措置法での税制上の措置として、輸出事業用資産の取得等に対する最大５年間の割増償却措置（所得税･法人税の特例）を講じる。設備投資後のキャッシュフローを改善することで、事業者の輸出拡大のための活動を後押しする。

特例の概要

税の「公平･透明･納得」の原則のうち、公平の原則の例外となり、「合理性」「有効性」「相当性」が求められる

租税特別措置は、特定の者の税負担を軽減する等により産業政策等の特定の政策目的の実現に向けて経済活動を誘導する手段である。

租税特別措置法による特例措置の一つに特別償却・割増償却があり、事業者の課税所得を抑えて税額を減らすことにより、事業者のキャッシュフローを改善する。

2022 年 10 月 1 日から 24 年 3 月 31 日までの間に、認定輸出事業者が輸出事業計画に従って機械装置、建物等を取得等した場合、当該資産について、

① 機械装置は 30%

② 建物及びその附属設備並びに構築物は 35%

の割増償却を５年間行うことができる。

特例の要件

① 導入した機械装置、建物等における輸出向け割合が年度ごとに定める一定の割合以上であること

年度	1 年目	2 年目	3 年目	4 年目	5 年目	6 年目
割合	15%	20%	25%	30%	40%	50%

② 食品産業の輸出向け HACCP 等対応施設整備事業の対象でないこと

③ 農産物等輸出拡大施設整備事業による補助金を受けないこと

割増償却の効果

２億円の製造用設備（耐用年数 10 年）を導入した場合、設備導入後５年間において、2,000 万円 / 年の普通償却額に加え、600 万円 / 年[※1]の割増償却が可能となり、約 139 万円 / 年[※2]の法人税が軽減。

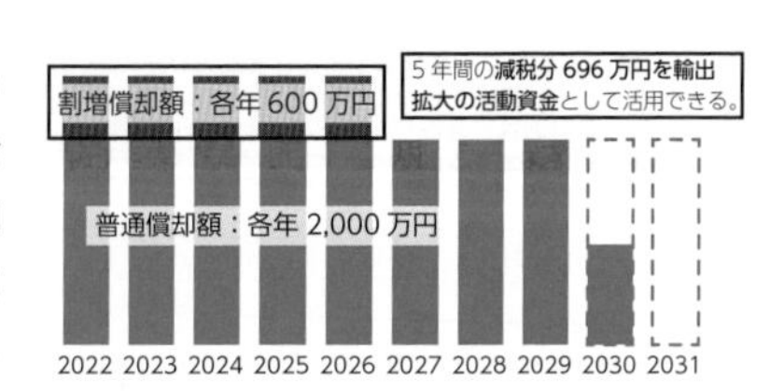

※1 普通償却額（2,000 万円）×割増償却率（30%）＝ 600 万円
※2 割増償却額（600 万円）×法人税率（23.2%）≒ 139 万円

減価償却制度とは？

機械及び装置等の減価償却資産の取得価額をその使用される年数（耐用年数）にわたって税務上「損金」（会計上は費用）として算入する制度のこと。

このうち、即時償却、特別償却、割増償却とは、通常の減価償却額に、一定額を上乗せした償却を税務上認める制度のこと。

輸出税制の適用を受けられる？チャート表

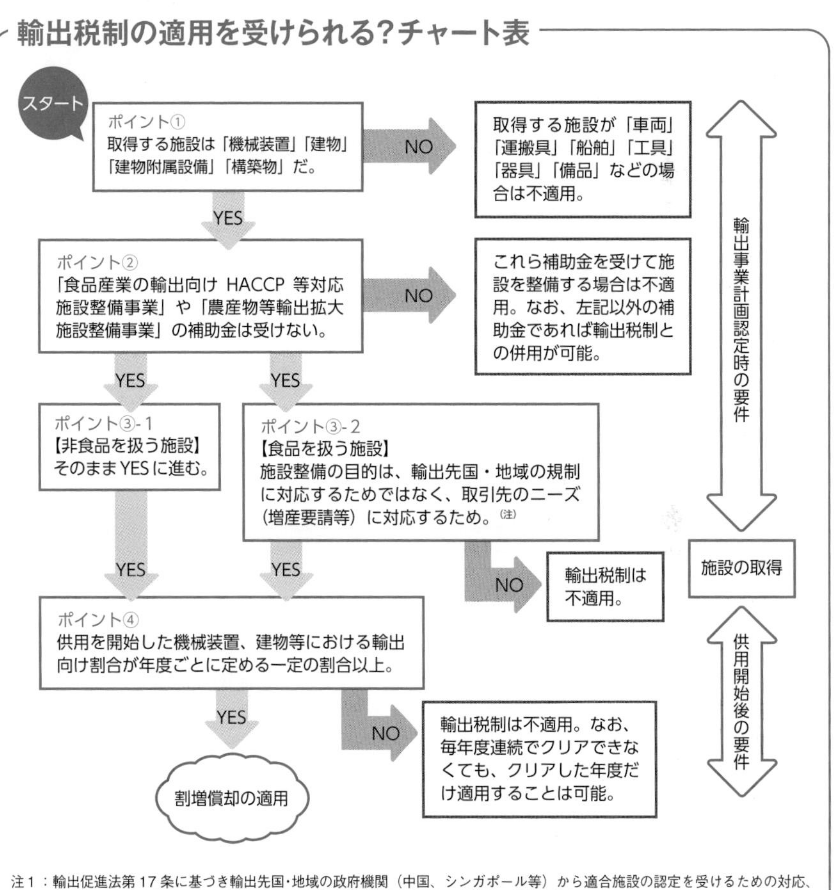

注１：輸出促進法第 17 条に基づき輸出先国・地域の政府機関（中国、シンガポール等）から適合施設の認定を受けるための対応、対米 HACCP や対 EU-HACCP への対応などは規制対応となり、本税制の対象にならない。
注２：注１の施設内においても、取引先からの増産要請等に対応するため、新たに機械装置を整備してラインに組み込む場合などはニーズ対応となり、本税制の対象となる。

税制特例の対象となり得る施設整備の例

加工食品製造施設

〈目的〉

パッケージの形態、内容量等について海外の需要に合わせた製品を開発・製造するための設備を整備。

〈整備内容〉

包装・梱包設備

酒類製造施設

〈目的〉

海外の流通形態・需要に合わせたボトルサイズへの充填、ラベリングを行うための設備を整備。

〈整備内容〉

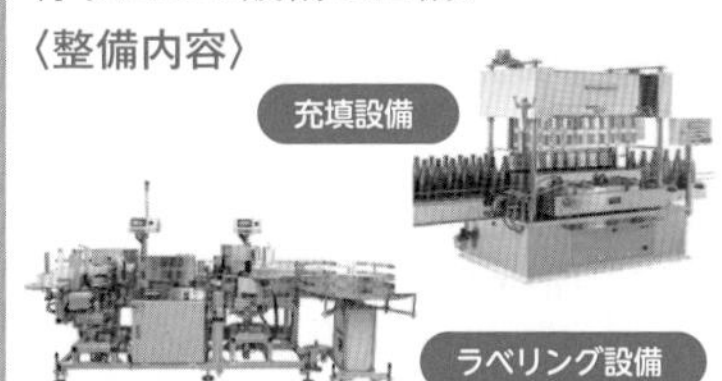

木材加工施設

〈目的〉

輸出先国（アメリカ）で流通する木材の規格に合わせて木材を加工するための設備を整備。

〈整備内容〉

製材設備

板引き設備

青果集出荷施設

〈目的〉

長期間の輸送・保管に耐えられるよう、高度な鮮度保持処理を行う施設を整備。

〈整備内容〉

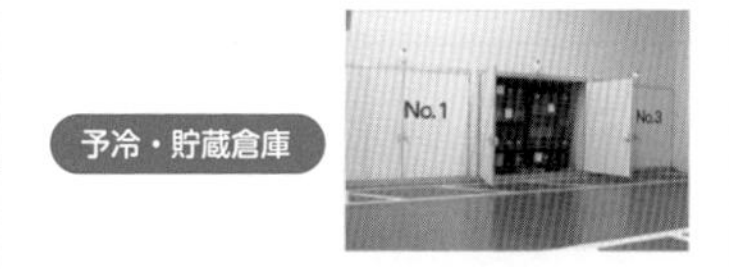

水産加工施設

〈目的〉

手作業で行っていた冷凍ホタテ貝柱の計量・包装ラインを整備し、生産能力を強化。

〈整備内容〉

物流拠点施設

〈目的〉

バンニング時の機密性を保持し、コールドチェーンを確保できるよう整備。

〈整備内容〉

ドックシェルター

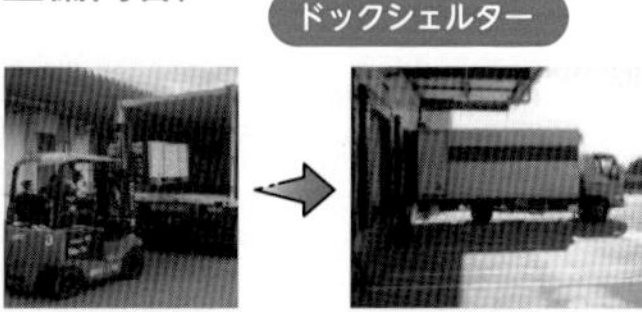

※写真は農林水産省提供

税制特例の手続

輸出事業計画を作成し、農林水産省（地方農政局等）から認定を受ける。輸出事業に必要な機械・装置、建物等を取得等したい場合には、各種補助金の利用等も含めて、地方農政局等に前広に相談する。税制特例の適用については、取得等した機械・装置、建物等を輸出事業の用に供しているか、毎年度（供用日から５年間）、地方農政局等の証明を受ける。

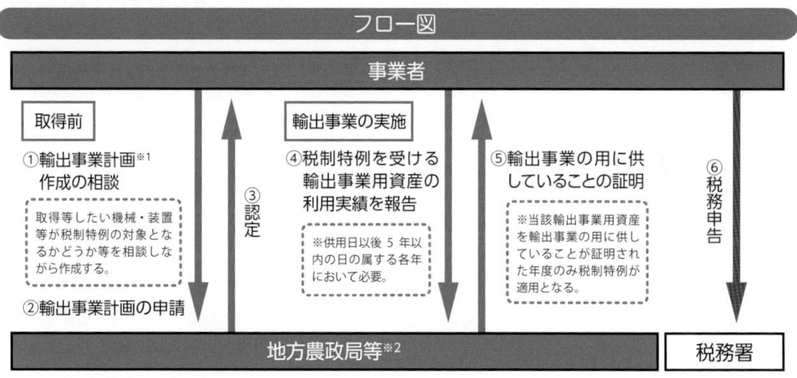

※１ 輸出事業計画とは、農林水産物及び食品の輸出の促進に関する法律に基づく計画で、輸出に関して今後取り組む内容として、「目標」「対象となる農林水産物又は食品及びその輸出先国」「内容及び実施期間」「実施に必要な資金の額及びその調達方法」等について記載するもの。
※２ 輸出事業計画の相談・申請、実績の報告等は、最寄りの地方農政局輸出促進課（北海道は北海道農政事務所事業支援課、沖縄県は沖縄総合事務局食料産業課）で受け付けている。

輸出拡大税制の割増償却の適用期間

施設・設備の供用開始から５年間割増償却が適用できるため、事業年度の途中に供用開始した場合は、割増償却の最終年が6年目の事業年度に入りこむこととなる。

割増償却の適用には、輸出向けの割合が年度毎に定める一定の割合以上であることが要件となる。

輸出事業に供する割合の出し方

輸出拡大税制の適用要件である「輸出事業に供する割合」については、下記により把握。

生産者 食品製造業者 食品流通業者（卸・小売） 地域商社	売買や通関に必要な作成書類で把握 例：通関手続きに必要となる送り状（インボイス）、売上げ伝票等 日々の作業工程管理で把握 例：商品コード、ラベリングの実績、管理台帳、業務日誌等
倉庫業者 国際貨物の取扱業者（海運貨物取扱業者、フォワーダー）	輸入者から受け取る書類で把握 例：通関手続きに必要となる送り状（インボイス）、パッキングリスト等を入手

2-4 輸出事業計画の支援策の拡充

スタンドバイ・クレジット制度

スタンドバイ・クレジットとは、輸出の促進に必要な海外での事業展開に関し、認定輸出事業者の海外現地子会社等が海外に拠点を有する提携金融機関から現地通貨建ての融資を受けるにあたり、その債務を保証するために日本公庫が発行する信用状をいう。本制度により海外での円滑な資金調達を支援する。

株式会社日本政策金融公庫法の特例

制度利用のメリット

海外での円滑な資金調達

日本公庫が発行する信用状を担保に活用し、提携金融機関から円滑に日本公庫の信用力を勘案した金利で融資を受けられる。

為替リスクの回避

現地流通通貨にて借入を行うことで、現地の事業活動で得た資金を返済に充てられ、資金調達・返済にかかる為替リスクを回避。

国内親会社の財務体質の改善

海外現地子会社等が国内親会社から資金調達（出資受入や借入）する場合に比べ、国内親会社のバランスシートがスリム化できる。

海外での経営管理体制の強化

本制度の利用をきっかけとして、提携金融機関との取引を開始・拡大し、海外での資金調達や情報収集の強化を図ることができる。

スキーム図

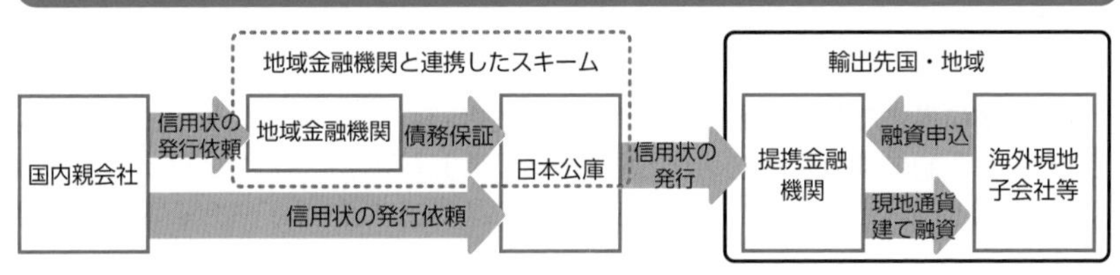

提携金融機関

■平安銀行（中国）■インドステイト銀行（インド）■バンクネガラインドネシア（インドネシア）■山口銀行（日本）【対象地域：中国】■名古屋銀行（日本）【対象地域：中国】 ■横浜銀行（日本）【対象地域:中国】 ■ KB 國民銀行（韓国）■ CIMB 銀行（マレーシア）■バノルテ銀行（メキシコ）■メトロポリタン銀行（フィリピン）■ユナイテッド・オーバーシーズ銀行（シンガポール）■合作金庫銀行（台湾）■バンコック銀行（タイ）■ベト・イン・バンク（ベトナム）■ＨＤバンク（ベトナム）（本店所在地の英語名のアルファベット順）

2-5 輸出事業計画の支援策の拡充

食品等流通合理化促進機構による債務保証

輸出事業者が商談会や展示会への出展等の販路開拓、テスト輸出等の輸出事業に当たって必要な資金を民間金融機関から借り入れる際に、食品等流通合理化促進機構が債務保証をすることで資金調達の円滑化を図る。

事業の概要

保証対象者
認定輸出事業者（農林水産事業者、食品等製造事業者、食品等流通事業者等）

保証期間
設備資金：20 年以内
運転資金：５年以内

保証限度額
最大４億円

保証範囲
90%以内

保証料率
年 0.8%以内

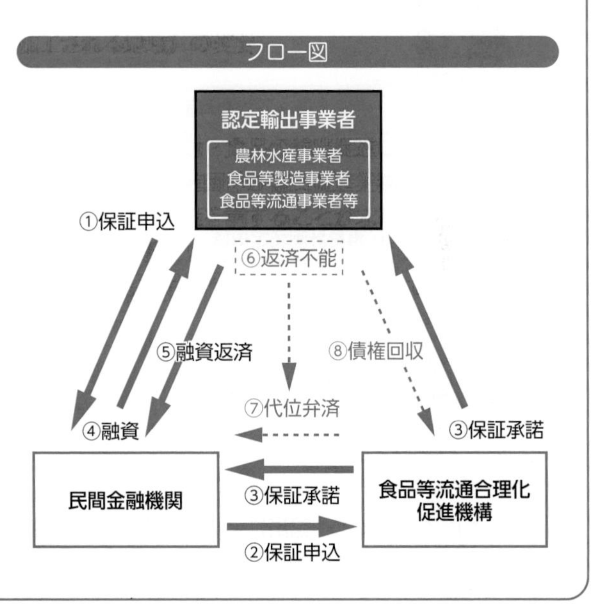

輸出事業計画の支援策の拡充

農地転用手続のワンストップ化

農地法の特例により、輸出事業計画の認定手続と農地転用の許可手続をワンストップ化することで、手続が簡素化されるとともに、申請者の負担が軽減される。なお、転用許可の要件に変更はない。

スキーム図

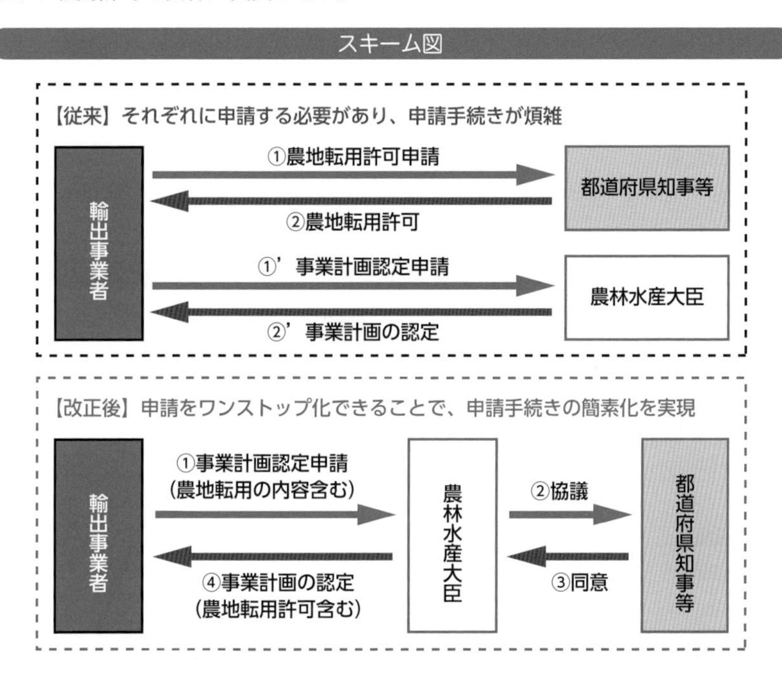

イメージ

農業者が共同で利用する、輸出に必要な温度管理をするための集出荷施設

輸出に向けて、長時間の輸送・保管に耐えられるよう高度な鮮度保持処理を行い、かつ、海外が求める規格に適合したものを選別するための予冷・貯蔵倉庫を整備。

※写真は農林水産省提供

3-1 民間検査機関による輸出証明書の発行

登録発行機関制度の創設

近年、諸外国から輸出に際して証明書の添付を求められることが増加していることから、登録発行機関制度を創設。今後、輸出先国・地域との交渉において、民間検査機関による輸出証明書の発行が認められた場合、本制度を活用して速やかに対応する。

国や都道府県だけでなく、専門的な知見を有する民間検査機関からの衛生証明書の発行も認められる可能性を踏まえた

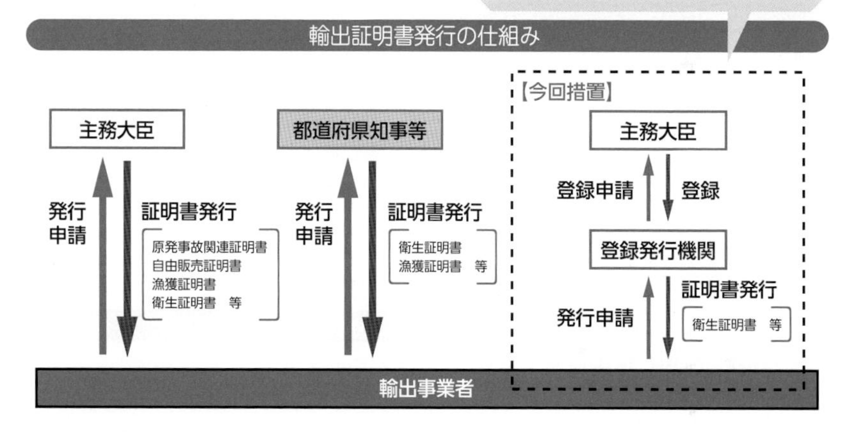

登録発行機関の登録

・主務大臣は、輸出証明書の発行を適確に行うために必要な基準に適合している場合には、登録を行う。
・登録発行機関は、業務規程を定め、それに従い発行業務を行う。
・主務大臣は、必要に応じて改善命令、登録の取消し等を行うことができる。

4-1 JAS法の改正

有機JAS制度の改善

有機加工食品は近年人気が高くなっており、市場が拡大している。有機食品を輸出するには輸出先の地域・国の制度に基づく認証が必要だが、日本の有機JAS認証と同等性が承認されていれば、輸出先国の有機認証を受けなくても有機と表示することができる。

世界の有機食品売上の推移

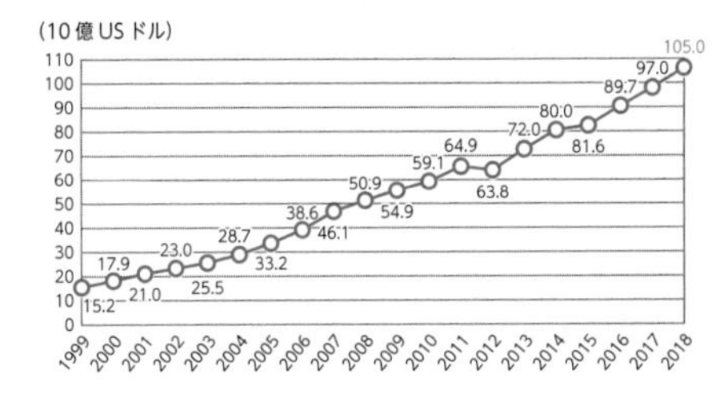

アメリカ・EU等の海外市場では有機食品の人気が高く、野菜、果実などの生鮮食品に加えて、加工食品でも有機製品が高値で販売され、市場が拡大している。

2019年に我が国から輸出した有機酒類は約77kl。輸出の大半を占める有機日本酒は、諸外国において一般の日本酒より高値で取引されている場合もある。

国別の有機食品売上額(2018年)

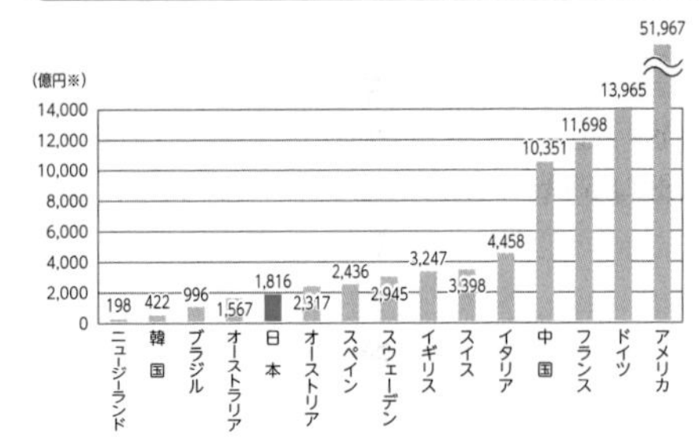

資料：FiBL&IFOAM The World of Organic Agriculture statistics & Emerging trends 2020をもとに、農業環境対策課作成

これまで酒類は、国税庁の「酒類における有機の表示基準」に従って有機酒類の表示を行っていた。 これはJAS認証ではなく、海外市場で「有機酒類」と表示するためには輸出先の地域・国による手続きが必要となっていた。

有機食品の同等性について

諸外国の多くは、「有機」の名称表示を規制している（その国・地域の有機規格への適合性を認められた産品でなければ「有機」と表示できない）。

同等性が承認されていない場合、事業者は、輸出先国の有機認証を受けなければ、輸出先国において「有機」と表示して流通できない。

同等性が承認されている場合、事業者は、日本の有機 JAS 認証を受ければ、輸出先国の有機認証を受けなくとも、輸出先国において「有機」と表示して流通できる。

<同等性が認められていない場合>

日本の事業者は、外国・地域の有機認証を受けなければ、「有機」と表示した農産物等の輸出ができない。

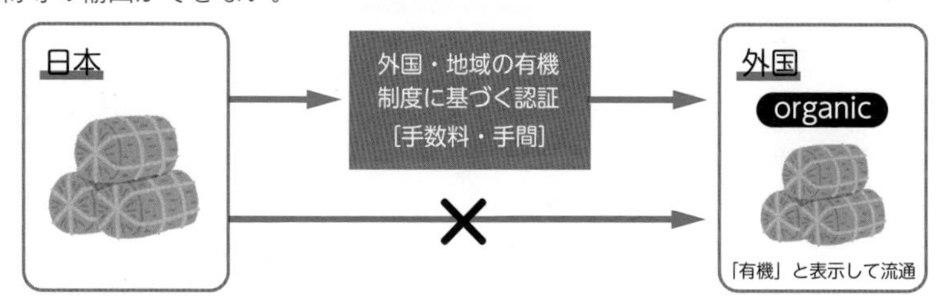

<同等性が認められた場合>

日本の事業者は、ＪＡＳ法に基づく認証を受ければ、外国・地域の有機認証を受けないで、「有機」と表示した農産物等の輸出が可能。

日本と同等性を相互承認した国・地域（2022 年 2 月現在）

有機農産物、有機畜産物、有機加工食品：アメリカ、カナダ、スイス
有機農産物、有機農産物加工食品　　　：EU（27 カ国）、イギリス、台湾

4-2 JAS法の改正

有機JASへの酒類の追加

農産物及び農産物加工品は、アメリカ、カナダ、EU等とJAS法に基づく有機認証制度に関して同等性を承認している。一方、酒類については、JAS法の対象から除かれているため、諸外国との有機同等性の対象外となっている。

有機食品の輸出数量の推移

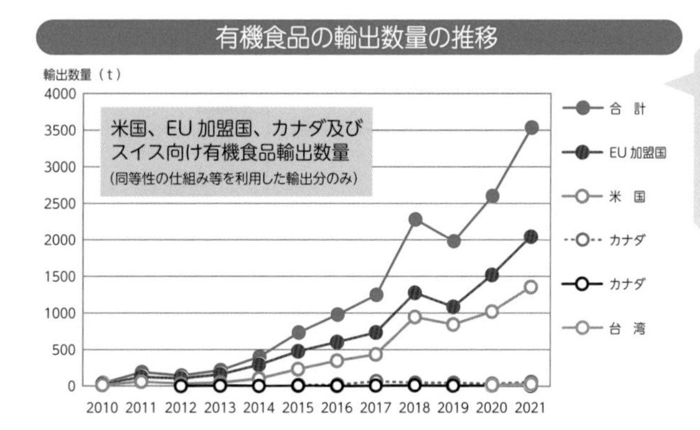

同等性を利用した有機食品の輸出数量は、2010年の約40 tから2021年には約3,500 tに大幅増加

品目別の国内生産・輸出量

品目	慣行製品を含む総量			有機製品		
	国内生産量	輸出量	国内生産量に占める輸出量の割合	国内生産量	輸出量	国内生産量に占める輸出量の割合
茶	82,000t	5,108t	6%	4,810t	891t	19%
しょうゆ	740,238kl	36,897kl	5%	4,181t	534t	13%
みそ	481,671t	18,105t	4%	2,301t	173t	8%
清酒	491,799kl	24,928kl	5%	466kl	74kl	16%

（茶・しょうゆ・みそ）同等性を利用した主要な輸出品目

（清酒）→ 有機同等性なし

資料：輸出量＝財務省「貿易統計」、国内生産量＝（茶）農林水産省「作物統計」、（しょうゆ）「食品産業動態調査」、（みそ）「食品産業動態調査」、（清酒）「酒税課税状況表（速報・毎月更新）」

注　：慣行製品を含む総量：茶、清酒は2019年、しょうゆ、みそは2019年度の実績。有機製品：茶、しょうゆ、みそについて、国内生産量は2019年度、輸出量は2019年の実績。清酒は2019年の実績。

有機酒類は、同等性を利用した主要輸出3品目（茶、しょうゆ、みそ）と同様に、国内生産に占める輸出量の割合が高く、有機酒類の輸出ニーズは高い。

アメリカ・EU 等の海外市場では有機食品の人気が高く、野菜、果実などの生鮮食品に加えて、加工食品でも有機製品が高値で販売され、その市場が拡大している。

農産物及び農産物加工品については、アメリカ、カナダ、EU 等と JAS 法に基づく有機認証制度に関して同等性を承認しており、日本で有機 JAS 認証を取得していれば、輸出先国･地域の有機認証を別途取得しなくても､有機として輸出が可能。

しかし、酒類は JAS 法の対象から除かれており、諸外国との有機同等性の対象外となっている。

↓

JAS 規格の対象に有機酒類を追加し、有機酒類の認証に関する同等性を海外の主要市場国の政府と締結することで、有機酒類の輸出を拡大！

有機酒類の認証取得の流れ

管理体制の整備
- 有機 JAS の基準に適合する製造方法等の体制の整備（原材料や添加物の選定、コンタミ対策等）

↓

登録認証機関への申請
- 認証対象、認証費用等は登録認証機関毎に異なることから、農林水産省ホームページを確認し、有機 JAS の認証を行っている登録認証機関を選択
- 登録認証機関が定める申請書様式に必要事項を記載して提出（企業・施設情報、規程、レシピ等）

↓

登録認証機関による書類審査 実地調査 判定
- 有機 JAS の基準に適合しているか評価

↓

認証費用の支払い
- 登録認証機関が定めた認証費用の支払い

↓

認証取得

有機酒類に
有機 JAS マークが
表示可能に！

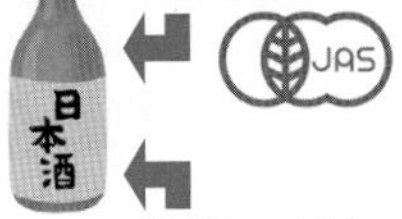

「有機」の表示
有機 JAS マークと
有機表示はセット！

【国内市場】
有機酒類も他の有機加工食品と同様に有機 JAS 認証が必須となり、消費者は有機 JAS マークに基づく合理的な商品選択が可能に。

【海外市場】
有機酒類の同等性の承認を海外の主要市場国・地域から受けることで、有機酒類の輸出拡大を目指す。

4-3 JAS 法の改正

改正 JAS 法

2022 年 JAS 法改正では、日本産の農林水産物及び食品の輸出を促進するため、1.JAS 規格の制定対象への有機酒類の追加、2. 外国格付表示の枠組みの整備、3. 登録認証機関間での情報共有、4.JAS 規格の国際標準化等に関する国の努力義務の規定などを行った。

改正 JAS 法（「農林水産物及び食品の輸出に関する法律等の一部を改正する法律」）
公布　2022 年 5 月 25 日（10 月 1 日施行）

改正のポイント

1　JAS 規格の制定対象への有機酒類の追加

JAS 規格の制定対象に有機酒類を追加。これにともない、JAS 法上の酒類に係る事項についての主務大臣は財務大臣及び農林水産大臣となる。

2　外国格付の表示にかかる枠組みの整備

外国格付の表示にかかる認証制度を新たに設けるとともに、外国格付の表示に関するルールを整備。有機同等性を利用して輸出される有機製品について、製品や包装・容器、送り状に外国格付の表示を付す場合、登録認証機関から外国格付表示業者の認証を取得する必要がある。

有機同等性を利用して輸出される有機製品に付すことができる外国格付

注 1：これら外国格付の表示は、それぞれ記載している輸出先に輸出する有機製品のみに付すことができる（例えばカナダ向けに輸出する有機製品に米国の外国格付の表示を付すことはできない）。
注 2：外国格付表示業者の認証を取得した場合であっても、有機同等性に基づき外国格付の表示を付した製品を日本国内で流通させることはできない（外国の有機認証を取得した事業者は、当該表示を付した製品を日本国内で流通できる）。
注 3：米国向けに輸出する製品に必要な表示である「Certified organic by ○○」等、有機のロゴマーク以外の表示は、外国格付の表示には該当しない。

3　登録認証機関の情報共有ルールの整備

〈現　状〉

事業者は、認証に係る書類作成、審査に要する時間などの負担から、同じ登録認証機関から毎年、継続的に認証を受け続けている。

〈課　題〉

事業者が新たに外国政府との同等性を活用して輸出する場合、外国政府に予め認められた登録認証機関からの認証が必要であり、従来から認証を受けてきた登録認証機関とは別に、認証のための審査の受け直しが求められることがある。

〈対応策〉

登録認証機関は、業務を円滑化するための情報、例えば他の登録認証機関による過去の認証審査時の記録を請求し、情報共有を受けることを可能とする。

➡事業者は、過去の認証審査の記録を活用することで、外国政府に既に認められている登録認証機関から迅速に認証を受けることができ、外国市場への輸出を容易に開始できる。

〈効　果〉

・他の登録認証機関への移動が容易になる
・登録認証機関間の競争が促される
・有機 JAS などの認証の拡大につながる

4　その他の改正事項

官民一体となった同等性交渉の推進

・認定輸出促進団体から同等性承認の交渉を求められた場合の国の責務を明確化。
・同等性承認の交渉について、研究機関による規格の開発や規格開発を行った民間事業者による国際機関等への働きかけ等も含めた官民の取組を明確化。

外国制度の格付表示の認証制の導入

同等性の承認の信頼性確保のため、同等性の承認に基づく外国制度による格付の表示は、不適切な表示がされないよう、登録認証機関の認証を受けた事業者のみ可能とする。

輸出産地サポーターの配置

マーケットイン輸出に向けた産地・事業者を支援するため、地方農政局等に商社 OB 等の民間人材を「輸出産地サポーター」として配置している。

地方農政局の輸出担当窓口

北海道農政事務所
（生産経営産業部 事業支援課）☎ 011-330-8810

東北農政局
（経営・事業支援部 輸出促進課）☎ 022-221-6402

関東農政局
（経営・事業支援部 輸出促進課）☎ 048-740-0387

北陸農政局
（経営・事業支援部 輸出促進課）☎ 076-232-4233

東海農政局
（経営・事業支援部 輸出促進課）☎ 052-223-4619

近畿農政局
（経営・事業支援部 輸出促進課）☎ 075-414-9101

中国四国農政局
（経営・事業支援部 輸出促進課）☎ 086-230-4246

九州農政局
（経営・事業支援部 輸出促進課）☎ 096-211-8607

沖縄総合事務局
（農林水産部 食料産業課）☎ 098-866-1673

第4章

改正輸出促進法の解説

改正輸出促進法の趣旨

改正輸出促進法の概要

1 輸出促進法の制定

⑴ 制定の背景

農林水産物・食品の輸出の拡大に向けて、輸出先国・地域による食品安全等の規制に対応するため、2019（令和元）年11月「農林水産物及び食品の輸出の促進に関する法律」（令和元年法律第57号、以下「輸出促進法」）が制定された。

具体的には、輸入規制の緩和・撤廃に向けた協議、輸出を円滑化するための加工施設の認定、輸出事業者の支援等について、政府一体となって取り組む体制を整備した。

⑵ 輸出促進法の概要

① 農林水産物・食品輸出本部の設置

農林水産大臣や関係大臣を構成員とする「農林水産物·食品輸出本部」（以下「輸出本部」）を農林水産省に設置。「農林水産物及び食品の輸出の促進に関する基本方針」（以下「基本方針」）を定めるとともに、輸出促進に向けて対応すべき課題を記載した実行計画の作成・進捗管理を行う。

② 輸出証明書の発行、生産区域の指定、加工施設等の認定の手続を法定化

これまで国、都道府県等が通知に基づき行っていた輸出証明書の発行、生産区域の指定、加工施設等の認定に係る手続を法定化。また、登録認定機関（専門的な知見を有するとして国が登録した民間検査機関）による施設認定を可能とした。

③ 公庫による融資支援

輸出事業計画の認定を受けた輸出事業者（認定輸出事業者）に対する㈱日本政策金融公庫（以下「公庫」）による融資等の支援を措置した。

⑶ 施行の結果

輸出促進法は2020年4月1日から施行され、輸出本部の下で、輸出先国・地域による輸入規制への対応や、輸出に取り組む事業者の負担軽減など輸出の円滑化への対応に取り組んできた。アメリカやEU向けの食肉や水産加工施設の認定施設の増加、放射性物質に関する輸入規制の撤廃などの成果が現れてきている。

2　輸出促進法改正に至る経緯

⑴ 輸出額の新たな目標設定

輸出促進法の制定後、世界の食のマーケットが更に拡大することが見込まれること等を踏まえ、2020年３月に閣議決定した「食料・農業・農村基本計画」において、農林水産物・食品の輸出額を2030年までに５兆円とする新たな目標を設定。

また､同年７月に閣議決定した「経済財政運営と改革の基本方針2020」及び「成長戦略フォローアップ」において、５兆円目標の中間目標として、2025年までの輸出額を２兆円とする目標が設定された。

農林水産物・食品の輸出額は着実に増加しているものの、新たな目標はこれまでの延長線上の取組では達成できない。

現在の輸出額を大幅に拡大させて２兆円、５兆円という目標を達成し、更なる輸出拡大へとつなげていくためには、農林水産業・食品産業の構造を成長する海外市場で稼ぐ方向に転換することが必要となっている。

⑵ マーケットインの体制への転換

2020年12月に総理大臣を本部長とする「農林水産業・地域の活力創造本部」において「農林水産物・食品の輸出拡大実行戦略」を決定した。

この戦略では、海外市場で求められるスペック（量・価格・品質・規格）の産品を専門的・継続的に生産・輸出し、あらゆる形で商流を開拓する、マーケットインの体制に転換するという考え方の下、海外で評価される日本の強みを有し、輸出拡大に向けた取組の余地の大きい品目を輸出重点品目に選定し、集中的に支援していくことなどを打ち出した。2021年12月に同戦略を改訂し、品目団体の組織化等を内容とする輸出促進法の改正等の施策の方向を決定した。

⑶ 改正輸出促進法の成立

2022年３月、いわゆる品目団体の法制化、輸出事業計画の支援策の拡充等を主な内容とする「農林水産物及び食品の輸出の促進に関する法律等の一部を改正する法律案」が第208回国会に提出された。同４月８日に参議院で全会一致で可決、５月19日に衆議院でも全会一致で可決され成立した。

５月25日に「農林水産物及び食品の輸出の促進に関する法律等の一部を改正する法律」（令和４年法律第49号、以下「改正輸出促進法」）が公布され、同年10月１日から施行された。

改正輸出促進法の趣旨

輸出促進の基本方針への内容追加

1　改正の内容

輸出本部は以下の基本方針を定めることとされ（第10条第2項）、輸出本部の下で政府一体となって輸出促進に関する政策を進めてきた。

① 農林水産物・食品の輸出を促進するための施策に関する基本的な方向
② 輸出先国の政府機関が定める輸入条件についての協議に関する基本的な事項
③ 輸入条件に適合した農林水産物・食品の輸出を円滑化するために必要な証明書の発行その他の手続の整備に関する基本的な事項
④ 輸出のための取組を行う事業者の支援に関する基本的な事項
⑤ このほか、農林水産物・食品の輸出を促進するために必要な施策に関する事項

改正により基本方針で定める事項について、以下の事項を追加（第10条第2項）。

① 農林水産物・食品輸出促進団体（品目団体）の支援に関する基本的な事項（第5号）
➡ ⑴ 品目団体の支援
② JAS規格が同等性の承認を得るための施策、JAS規格を国際標準とすることに関する施策、その他の輸出を促進するために必要な規格の整備、その普及や活用の促進に関する基本的な事項（第6号）
➡ ⑵ JAS規格の同等性交渉、国際標準化
③ 輸出先国と相互にGI（地理的表示）の保護を図ること、その他の輸出を促進するために必要な知的財産の保護、活用に関する基本的な事項（第7号）
➡ ⑶ 知的財産の保護・活用

2　改正の趣旨

⑴ 品目団体の支援

改正輸出促進法では、農林水産物・食品輸出促進団体（品目団体）を認定し、支援する仕組みを創設しているが、次の対応が必要。

① 品目団体の業務の内容や認定基準を明らかにする
② 法律上の措置だけでなく、予算措置等を含めて総合的に品目団体の支援を行い育成を図る

輸出本部として品目団体の支援に関する方針を定める必要がある。

⑵ JAS規格の同等性交渉、国際標準化

・酒類をJAS法の対象に加える

米国・EUをはじめ、多数の国・地域との間で、日本農林規格等に関する法律（昭和25年法律第175号、以下「JAS法」）に基づく日本農林規格（JAS規格）と外国の規格との同等性を承認する交渉（以下「同等性交渉」）をしている。改正輸出促進法では、同等性交渉を一層進めるために酒類をJAS法の対象に加えており、政府一体となって戦略的に交渉を進めていく。

・JAS規格を国際標準（CODEX、ISOなど）とする

JAS規格を国際標準化は同等性の承認を得る上で有利となり、他国産品との差別化や、日本にとって不利な国際標準の策定を未然に防ぐことができる。JAS規格の国際標準化は、業界ニーズや他国の動向を把握するとともに、国が戦略的に国際標準とすべきJAS規格を選定し、国立研究開発法人、大学、事業者等と連携しつつ、政府一体となって進めていくことが求められている。

⑶ 知的財産の保護・活用

輸出の促進に当たっては、高品質・高付加価値なものを作る技術やノウハウ等の知的財産を保護・活用する必要がある。輸出が拡大していくと、日本の産品との競合が更に激化してしまう。

ブランド産品の模倣品の流通や優良品種の海外流出、和牛の遺伝資源の不正持ち出しなどリスクが高まる

輸出を促進するための知的財産の保護・活用にかかる取組をより一層進めていく。

〔輸出本部としての方針〕

① 国内におけるGI登録申請の促進を図るだけでなく、GIの相互保護にかかる交渉について、重点的に交渉を行う品目、国・地域などを決定し、関係省庁が連携して戦略的に行う。
② 国による支援や環境整備による海外での円滑な品種登録の促進、適正な品種保護に課題がある東南アジア諸国の品種保護審査当局との協力などを関係省庁が連携して進めていく。

2-1 民間検査機関による輸出証明書の発行

登録発行機関制度の創設

1　これまでの制度

主務大臣※1又は都道府県知事等※2は、輸出先国の政府機関から、輸入条件が定められている農林水産物･食品について、主務大臣･都道府県知事等が衛生証明書、漁獲証明書などの輸出証明書を発行するよう求められている場合、輸出を行う事業者から申請があったときは、輸出証明書を発行することができることとされていた。

※1 財務大臣、厚生労働大臣、農林水産大臣　※2 都道府県知事、保健所設置市・特別区の長

2　改正の趣旨

輸出促進法制定時、民間検査機関が衛生証明書などの輸出証明書の発行を求められるケースが想定されなかった。

民間検査機関による輸出証明書の発行に関する規定が置かれていなかった

輸出促進法施行後、輸出先国・地域との協議で主務大臣や都道府県知事等に加えて、専門的な知見を有するとして国が認めた民間検査機関が衛生証明書を発行することを求められる機会が増加。

今後もこのようなケースが増加することが想定される

専門的な知見のある民間検査機関が、衛生証明書などの輸出証明書を速やかに発行できる体制を整える必要がある。

主務大臣の登録を受けた民間検査機関（登録発行機関）が、輸出を行う事業者から輸出証明書の申請を受けたとき、輸出証明書を発行することができることとした。

3 改正の内容

主務大臣の登録を受けた民間検査機関（登録発行機関）は、輸出先国の政府機関から、輸入条件が定められている農林水産物・食品について、登録発行機関が輸出証明書を発行するよう求められた場合、輸出を行う事業者から申請があったときは、輸出証明書を発行することができることとした（第15条第3項）。

登録発行機関の登録制度では、下記の①、②以外は現行の登録認定機関の登録制度と同様の制度とした（第5章第2節）。

① **登録発行機関の登録基準**

・輸出証明書の発行を適確に行うために必要な基準に適合している（第20条第1項第1号）

・登録申請者が、輸出先国の政府機関により輸入条件が定められている農林水産物・食品の取扱業者に支配を受けていない（同項第2号）

② **登録台帳に記帳する事項**

・登録発行機関が行う発行に係る輸出証明書の種類（同条第2項第3号）

登録認定機関に関する既存の仕組みについては、類似の立法例にならい、制度の根幹に関する登録認定機関の登録及び登録の基準以外の規定は、登録発行機関の規定を準用することとした（第36条）。

現行の登録認定機関の登録申請は運用上、施設認定農林水産物等（農産物・畜産物・水産物）の種類ごとに登録させることとしているが、条文上では、明確に区分ごとに申請させることとなっていなかった。

（例） 1つの機関が畜産物と水産物両方の施設認定を行う登録認定機関としてそれぞれの種類ごとに登録するケース

➔今般の改正に合わせて「主務省令で定める区分ごと」と法律上で明確にした（第34条）。登録発行機関の登録についても同様の規定を置くこととした（第18条）。

3-1 輸出事業計画の支援策の拡充

輸出事業計画制度

1　これまでの制度

⑴ 輸出事業計画の認定

輸出促進法では、日本で生産された農林水産物・食品の輸出のための取組を行う者が生産、製造、加工又は流通の合理化、高度化その他の改善を図る事業（輸出事業）を支援するため、①②の仕組みを設けていた。

① 輸出事業計画の作成

国が定める基本方針に即して、輸出の目標や対象となる農林水産物・食品、ターゲットとする輸出先国・地域、具体的な内容や期間等を定めた輸出事業計画を作成し、農林水産大臣が認定。

② 食品等流通法やHACCP支援法の特例による支援

活動内容に応じて食品等の流通の合理化及び取引の適正化に関する法律（平成3年法律第59号、以下「食品等流通法」）、又は、食品の製造過程の管理の高度化に関する臨時措置法（平成10年法律第59号、以下「HACCP支援法」）の特例などにより支援。

⑵ 食品等流通法及びHACCP支援法の特例

認定を受けた輸出事業計画（認定輸出事業計画）に定められた輸出事業に、食品等の流通の合理化又は食品の製造過程の管理の高度化に関する措置が含まれる場合には、それぞれ流通合理化法又はHACCP支援法に基づく認定計画とみなして、公庫の融資等による支援を行っていた。

2　改正の趣旨

輸出促進法制定当初、輸出事業者への支援は、食品等流通法やHACCP支援法の事業計画に基づく支援制度と重複する部分が多いと考えられたため、食品等流通法及びHACCP支援法の申請手続のワンストップ化を措置していた。

しかし、輸出特有のリスクもあり、中小零細企業が多い輸出事業者が独力で行うことは難しい。

動物疾病等に伴う輸出先国・地域の政府の規制強化や、輸出先国・地域の政府が短期間に規制措置を強化する可能性があるまた、輸出先国･地域の規制やニーズに対応した輸出専用の商品を開発するには、国内向け商品の開発以上に試行錯誤が必要。

短期的には収入増につながりにくい

これまでの食品等流通法及びHACCP支援法の特例と同様に、公庫による長期かつ低利の融資などの支援を行う必要がある。

株式会社日本政策金融公庫法（平成19年法律第57号、以下「公庫法」）では、以下の課題があり、特別の支援措置を用意しなければ十分な支援ができない。

① 融資の対象が限定

食品の製造などを行う事業者が活用できる長期運転資金は、施設の整備を伴うものに融資の対象が限定されている。

② 償還の期限

食品製造事業者が導入する施設などへの融資は、国内向け・輸出向けの区別なく一律に最大15年の償還期限で、輸出事業の実情に見合った十分な償還期限を設定できない。

マーケットイン型取組の拡大に伴い経営に占める輸出事業の割合が増え、上記の経営リスクが高まることになる。

➡事業者が民間金融機関から円滑に資金を借り入れられるような支援が求められている。

また、輸出向けも含めて農産物の加工・製造・流通施設は、流通の効率化、鮮度維持などの観点から、生産地に近い土地に整備されることが多いと考えられる。

➡農産物の加工・製造・流通施設に利用する土地が農地の場合には、輸出促進法に基づく手続とは別に、農地法（昭和27年法律第229号）に基づく農地転用手続が必要で、申請者にとっては事務が煩雑となっている。

3 改正の内容

① 農地法の特例（第39条）
② 食品等流通法の特例（第40条）
③ 公庫法の特例（第41条・第42条）

3-2 輸出事業計画の支援策の拡充

農地法の特例

1 これまでの制度

農地法第４条第１項の規定では、農地を農地以外のものにする者は、都道府県知事等の許可（４ha を超える場合については農林水産大臣に協議が必要）を受けなければならないとされている。

また、農地法第５条第１項の規定では、農地を農地以外のものにするため、又は採草放牧地を採草放牧地以外のものにするため、所有権を移転し、又は地上権、永小作権、質権、使用賃借による権利、賃借権等の使用及び収益を目的とする権利を設定し、もしくは移転を行う者は、都道府県知事等の許可（４ha を超える場合については農林水産大臣に協議が必要（同法附則第２項第３号））を受けなければならないとされている。

2 改正の趣旨

事業者が輸出先国・地域ごとの規制やニーズに対応した施設を整備する際、国内向けの既存施設のライン増設では対応できず、新たに施設を整備することが想定される。

施設を農地や採草放牧地に設置する場合、輸出事業計画の作成とは別に、都道府県知事等の農地転用許可が必要。

➜輸出向けも含めて農産物の加工・製造・流通施設の整備は、生産地に近い土地で行われることが多い。

流通の効率化、鮮度維持等の利便性がある

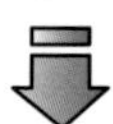

輸出事業計画の認定権者（農林水産大臣）と農地転用の許可権者（都道府県知事等）が異なるため、農地転用許可が必要な輸出事業計画の作成者は、輸出事業計画の認定と農地転用許可に係る申請をそれぞれの許可権者に行うこととなる。

➜手続に時間がかかった結果、必要な施設整備が遅れる可能性も。

販路拡大の機会を逃すおそれ

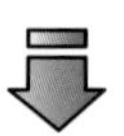

輸出先国・地域ごとの規制やニーズに迅速に対応し海外市場を獲得するためには、輸出事業計画の認定後の手続が円滑に進み、できる限り速やかに輸出事業をスタートできるようにする必要がある。

都道府県知事等が輸出事業計画の認定手続に関与し、農地転用についての審査を行うことを担保する規定を置いた上で、輸出事業計画の認定を受けた者は農地転用手続を不要とする手続の簡素化の特例を設けた。

3 改正の内容

輸出事業計画の記載事項に、輸出事業の用に供する施設の整備に関する事項として、以下3点記載できることとした（第37条第3項）。

① 施設の種類、規模その他の当該施設の整備の内容
② 施設の用に供する土地の所在、地番、地目及び面積
③ その他省令で定める事項（土地の利用状況、普通収穫高、転用の時期など）

輸出事業計画に施設の設置のために農地転用を行う内容が含まれている場合には、農林水産大臣から都道府県知事等に協議し、その同意を得る（第37条第7項）。

認定輸出事業者が認定輸出事業計画に従って農地を農地以外のものにする場合等[※1]には、農地法の許可があったものとみなす（第39条第1項・第2項）。

※1 認定輸出事業計画に従って農地を農地以外のものにする場合、又は農地を農地以外のものにするため、もしくは採草放牧地を採草放牧地以外のものにするため、所有権を移転し、又は地上権、永小作権、質権、使用賃借による権利、賃借権等の使用及び収益を目的とする権利を設定し、もしくは移転を行う場合。

農林水産大臣からの協議に対し都道府県知事等が同意する事務は、地方自治法（昭和22年法律第67号）に規定する第1号法定受託事務とし、輸出促進法において事務の区分を規定（第60条第1号）。あわせて、改正輸出促進法の附則において地方自治法を改正し、同様の規定を置くこととした。

3-3 輸出事業計画の支援策の拡充

食品等流通法の特例

食品等流通法（食品等の流通の合理化及び取引の適正化に関する法律）

食品等の流通の合理化や取引の適正化を図るため、必要な支援措置等を講じ、もって農林漁業及び食品流通業の成長発展並びに一般消費者の利益の増進に資することを目的としている。

1　これまでの制度

事業者が作成した食品等の流通の合理化を図る事業に関する計画（食品等流通合理化計画）を農林水産大臣が認定し、認定を受けた者に対して、食品等流通合理化促進機構（以下「促進機構」）による債務の保証などの支援措置を設けている。

改正前の輸出促進法では、食品等の流通の合理化に関する措置を含む認定輸出事業計画を食品等流通法に基づく「認定計画」とみなす規定を置くことで、手続をワンストップ化して、促進機構による債務の保証等の支援措置を適用することとしていた。

2　改正の趣旨

こうした事業を行うには
多額の資金が必要！

農林水産物・食品を輸出するには、輸出先国・地域の規制・ニーズに対応するための製造·加工施設の整備や機器の導入、商談会や展示会への出展などの販路開拓、テスト輸出などを行う必要がある。

➡農林水産物・食品の輸出特有のリスクが存在し、輸出事業の実施に必要な資金について民間金融機関から借入れできない場合がある。

① **信用力、担保力不足**

中小零細企業が多い農林水産・食品事業者は、経営基盤が脆弱なため、必要な資金を借り入れる際の信用力や担保力が低いなどの課題。

② **輸出特有のリスク**

豚熱、鳥インフルエンザなどの動物疾病等に伴う輸出先国の規制強化や、輸出先国政府の短期間の周知での規制強化など。

借入れが困難！

輸出事業に係る資金調達の円滑化を図るための支援措置が重要であり、促進機構による債務の保証については、引き続き適用することが必要。

➡輸出事業は、国外の新たな需要を開拓し国外での需要に対応するという点において、促進機構の設立目的である「食品等の流通の合理化の促進に資する」ものであることから、促進機構が輸出事業について債務の保証を行うことは、その目的に合致する。

現行のみなし規定に代わり、輸出促進法上に促進機構がその業務の特例として輸出事業について債務の保証を行う旨を規定。

輸出事業計画の直接的な支援策として促進機構による債務の保証を規定することで、輸出に特化した取組についても、支援の対象にできるようにした。

3 改正の内容

促進機構が、認定輸出事業者が実施する輸出事業について、以下の支援措置を講じることができる旨を規定した（第40条第1項）。

① 輸出事業に必要な資金の借入れに係る債務の保証
② 輸出事業に必要な資金のあっせん
③ ①・②の業務に附帯する業務

上記の支援措置にかかる業務については、農林水産大臣による促進機構に対する監督権限（業務規程の認可、報告・検査等）を行使し得るよう所要の読替規定を置いた（第40条第2項）。

3-4 輸出事業計画の支援策の拡充

日本政策金融公庫法の特例

資金の貸付け

1 これまでの制度

これまでの公庫の融資では、公庫法において、次のような課題があった。

① 資金の対象については、食品の製造などを行う事業者が活用できる長期運転資金は、施設の整備に伴うものに限定されている。

② 食品の製造などを行う事業者が導入する必要な施設等への融資について、国内向け・輸出向けの区別なく一律に最大で 15 年の償還期限としており、輸出事業の実情に見合った十分な償還期限を設定することができない。

③ 輸出事業者のうち農林漁業者が行う他の事業者への出資や海外子会社が必要とする資金の転貸に必要な資金については、貸付けの対象とされておらず、貸付けを行うことができない。

2 改正の趣旨

以下のようなマーケットイン型の輸出に取り組む際に、中小零細企業が多い輸出事業者が民間金融機関から多額の資金や長期の運転資金を借り受けることは難しい。

・輸出先国・地域の規制やニーズに対応した輸出専用の商品を開発するための施設・設備の整備

・動物疾病などに伴う輸出先国・地域の規制強化や、短期間の周知での規制措置の導入といった農林水産物・食品の輸出特有のリスクへの対応、輸出に関する市場調査、新たな市場開拓、商品開発を長期的に実施

特有のリスクのある輸出事業を実施していくには、公庫からの資金の借入れが必要

3 改正の内容

公庫は認定輸出事業者に対し、農林水産業・食品産業の持続的な発展に寄与する長期かつ低利の資金であって、認定輸出事業計画に従って輸出事業を実施するために必要なものを貸し付けることができる（第 41 条第 1 項）。

この資金の貸付けについては、「政策金融改革に係る制度設計」（平成 18 年政策金融改革推進本部決定、行政改革推進本部決定）を踏まえ、貸付けの相手方である認定輸出事業者について農林漁業者及び中小企業者に限るとともに、貸し付ける資金は以下に限定している。

① 農林漁業者にあっては資本市場からの調達が困難なもの

② 中小企業者にあっては償還期限が 10 年超のもの

債務の保証

1　これまでの制度

公庫では、中小企業の海外展開支援の一環として、日本に主な事務所のある事業者の海外支店等が一定の外国金融機関から現地で流通している通貨建てで資金調達を行う際、信用状を発行して円滑な調達を支援している（スタンドバイ・クレジット制度）。

改正前の輸出促進法では、認定輸出事業計画に食品等の流通の合理化に関する措置が含まれる場合、食品等流通法第８条の規定がみなし適用されることで、公庫は、認定輸出事業者に対して海外資金調達に係る債務の保証を行うことができた。

2　改正の趣旨

農林水産物・食品の輸出拡大を図っていくためには、現地での販売拠点の確保や、物流拠点・コールドチェーンの確立が必要だが、農林水産・食品事業者は中小零細企業が多くを占めている。

また、公庫の債務保証業務は、中小企業者が新たに発行する社債に対する債務の保証などに限定されている。

海外での信用力が低いために
現地の金融機関から
資金が調達できないおそれ

外国金融機関からの借入れに対して公庫のスタンドバイ・クレジット制度による債務の保証を行い、現地での資金調達を支援することが必要。

公庫が認定輸出事業者の外国金融機関からの借入れに対して債務の保証や信用状の発行を行うためには、公庫法の業務の特例を規定する必要がある。

3　改正の内容

公庫は、認定輸出事業者に対し、認定輸出事業計画に従って輸出事業を実施するために必要な長期の資金について、外国銀行などからの借入れに係る債務の保証の業務を行うことができることとした（第42条第１項）。

公庫が信用状を発行する金融機関は、外国の銀行その他の金融機関のうち農林水産省令・経済産業省令・財務省令で定められる以下のものからの借入れに限る。

- ・銀行法第２条第１項に規定する銀行（外国で支店その他の営業所を設置している）
- ・外国の法令に準拠して外国において銀行法第２条第２項に規定する銀行業を営む者
- ・外国の政府、政府機関または地方公共団体が主たる出資者となっている金融機関
- ・農林中央金庫
- ・㈱商工組合中央金庫

4-1 品目団体の法制化

農林水産物・食品輸出促進団体

農林水産物・食品の輸出を飛躍的に拡大させるためには、事業者が現地でニーズ調査等を行い、その結果に基づいて生産し、輸出するマーケットイン型の取組を更に進めていくが、個々の事業者が自ら調査などを実施することは限界がある。

また、現在は個別の事業者や地域単位で各ブランド名を用いた単発的なプロモーションを実施しており、現地ではなかなか認知されていない。

〔品目団体の意義〕

品目団体とは、品目ごとに、生産、加工、流通、販売に関わる事業者が連携して組織化した団体

① 品目団体が、輸出可能性のある国・地域において市場調査などを行い、必要に応じて輸出向けの規格なども策定・活用しながら、業界全体で相手国・地域のニーズに合った商品を生産し、輸出へとつなげる

② 品目団体が、個別の事業者と連携しつつ、組織的なプロモーションを展開することで、日本産品全体のブランド力を高めつつ、大ロットでの輸出を実現させる

1 品目団体の業務上の障害

(1) 資金調達

品目団体は、主に営利を目的としない一般社団法人又は一般財団法人（以下、「一般社団法人等」）の形態が想定される。

品目団体が行う市場調査やプロモーションなどの業務は金融機関からの融資が必要となる場合があるが、一般社団法人等は、公庫の中小企業者向け融資や中小企業投資育成株式会社法（昭和 38 年法律第 101 号）による投資資金を活用できない。

➜品目団体は、民間金融機関から資金を調達する必要があるが、中小企業者向けの資金融通の円滑化のための既存の支援措置を活用できない場合も想定される。

品目団体の業務は本来的に大きな収益を生むものではないことから、民間金融機関からの借入れが難しい

⑵ 品質・表示に関する専門的知見

品目団体は、海外のニーズ等は市場調査の実施などにより把握できるが、輸出先のバイヤーや消費者等から高い信頼が得られる規格策定の手法に関する知見はもっていない。

➡独立行政法人農林水産消費安全技術センター（FAMIC）は、品質や表示に関し専門的知見を有している。

⑶ プロモーション方法

品目団体が行うプロモーションは、特定の農林水産物・食品に対象を限って行うことが想定されるが、複数品目をパッケージで売り出した方がより効果的になる場合がある。

➡独立行政法人日本貿易振興機構（JETRO）は海外に多くの事務所を持ち、専門的知見を有している。

JETROは、幅広い品目を対象に商流構築支援やプロモーションを実施している

品目団体を輸出促進法に位置付けた上で、国として品目団体の支援に関する方針を定め、これらの取組を推進するための支援措置を講ずる。

2 新たな支援措置

こうした業務を適切に行うことのできる品目団体を国が認定した上で、以下の支援措置を講ずる仕組みを輸出促進法において新たに設けた。

①中小企業信用保険法の特例（第49条）

一定の要件（議定権の2分の1以上を中小企業者が有しているなど）を満たす認定輸出促進団体について、中小企業者とみなして公庫による保証保険の対象とする。

②食品等流通法の特例（第50条）

促進機構は、認定輸出促進団体が行う輸出促進業務を実施するために必要な資金の借入れにかかる債務を保証する。

③FAMICによる協力（第51条）

FAMICは、認定輸出促進団体の依頼に応じて、認定輸出促進団体が策定する規格の策定に関し専門家の派遣その他の必要な協力を行う。

④JETROの援助（第52条）

JETROは、認定輸出促進団体の依頼に応じて、輸出促進業務の実施に必要な助言その他の援助を行うよう努めなければならない。

4-2 品目団体の法制化

認定農林水産物・食品輸出促進団体制度の概要

1 品目団体の定義・基本方針

農林水産物・食品輸出促進団体（輸出促進団体）は、「農林水産物又は食品の輸出の促進を図ることを目的として農林水産物又は食品の輸出のための取組を行う者が組織する団体」と定義（第２条第３項）。

また、輸出促進団体の役割を明確化するため、国の基本方針に「農林水産物・食品輸出促進団体の支援に関する基本的な事項」を加えた（第 10 条第２項第５号）。

2 輸出促進業務を行う者の認定

主務大臣（酒類以外は農林水産大臣、酒類は財務大臣）は、認定要件に適合すると認められる輸出促進団体の申請により、輸出促進業務を行う者として認定することができる。

輸出促進業務を行う者として認定を受けた者を「認定農林水産物・食品輸出促進団体」と規定。

3 認定申請に必要な書類

主務大臣から認定を受けようとする輸出促進団体は、農林水産物・食品の輸出に取り組む事業者に対する支援を行うことが確実であることを確認できるよう、次の事項について記載した申請書を主務大臣に提出しなければならない（第 43 条第４項）。

・輸出促進団体の名称、住所、代表者の氏名
・輸出促進業務の対象となる農林水産物・食品の種類
・輸出促進業務の運営体制に関する事項
・輸出促進業務の運営に必要な資金の確保に関する事項
・輸出促進団体の構成員に関する事項

また、申請書には、その申請にかかる輸出促進業務に関する規程（業務規程）を添付しなければならない。

4 輸出促進業務

輸出促進業務を行う者として主務大臣により認定を受けた者を「認定農林水産物・食品輸出促進団体」（認定輸出促進団体）と規定し、認定輸出促進団体が行う輸出促進業務として次の５項目を規定した（第 43 条第２項・第３項）。

輸出先国の市場、輸入条件その他輸出促進に必要な事項に関する調査研究

輸出先国における消費者の嗜好についての市場調査や市場で好まれる産品の研究など

商談会への参加、広報宣伝その他輸出先国での需要の開拓

海外における商談会等の開催・出展、海外バイヤーの招聘、ジャパンブランドの PR など

輸出の取組を行う者に必要な情報の提供・助言

海外の市場動向や規制情報、見本市等の情報提供、輸出手続、輸送方法等の相談対応など

任意業務

農林水産物・食品の品質又は包装についての規格その他輸出促進に必要な規格の策定

品質に関する統一的な規格や、温度管理、段ボール等の包装の業界規格の策定など

任意業務

収受した拠出金を輸出促進に必要な環境の整備に充てる仕組みの構築・運用

輸出の取組を行う者の同意を得て、農林水産物・食品の生産量等に応じた拠出金を受け取る。自主財源を確保した上で、当該財源を活用してプロモーション等を行う仕組み、いわゆる任意のチェックオフの構築・運用

5　品目団体の認定要件

主務大臣は、輸出促進団体から認定の申請があった場合に、次のいずれにも適合すると認める場合には、認定することとした（第43条第6項）。

第1号

申請書・業務規程の内容が適切

申請書・業務規程に定められた内容が、認定輸出促進団体に求められる基本的事項が定められた基本方針に照らし、適切であるかどうかを確認する。

第2号

法令に違反しない

申請書・業務規程に定められた業務の内容が独占禁止法などの法令に違反すると、適正かつ健全な業務運営に支障をきたす。このことから法令に違反しないことを確認。

第3号

業務規程が、次の事項を内容とするもの

・農林水産物・食品輸出の拡大に資する（業務内容が農林水産物・食品の輸出拡大に貢献）

・生産から販売に至る一連の行程における事業者（輸出のための取組を行うもの）との緊密な連携が確保されている（輸出の取組を行う、生産から販売に至る一連の行程での事業者が構成員となっているか、全関係者が一堂に会する情報交換会を定期的に開催するなどの連携体制が構築されているか確認）

・輸出促進業務の対象を特定の地域で生産、製造、又は加工された農林水産物・食品に限定しない（地域段階の団体ではなく、全国段階での団体が認定を受けることが適当）

※品目によっては、生産地が限定されるなど、その産品の性格上、全国段階での団体とならない場合は例外的に認定できる

第4号

輸出促進業務を適正かつ確実に行う知識、能力、経理的基礎

輸出促進業務を実施できるだけの経験や知見、資金を有していることを確認する。

第5号

その他、必要な主務省令の要件に適合

輸出促進団体が適正かつ確実に輸出の促進を図るために必要な包括的な認定要件としつつ、具体的な内容を省令に委任しており、主務省令においては下記を規定している。

① 構成員となることを希望する者に対して不当な差別的取扱いをしない

② 基本方針に照らし適切と認められる輸出拡大に向けた中期的な計画をもつ

〔参考〕認定要件に関する基本方針の概要

第５　農林水産物・食品輸出促進団体の支援に関する基本的な事項

２　認定農林水産物・食品輸出促進団体に求められる要件

農林水産大臣又は財務大臣（酒類のみ）は、法令に規定された要件のほか、以下の基準に適合する法人である農林水産物・食品輸出促進団体を認定する。

⑴ 輸出促進業務の対象とする農林水産物・食品の種類は、海外で評価される日本の強みがあり、輸出拡大の余地が大きく、関係者が一体となった輸出促進活動が効果的な品目であること。このため、これらの品目は、基本的に、輸出拡大実行戦略における輸出重点品目であること。

⑵ オールジャパンとしての取組を進めるため、輸出促進業務の対象とする農林水産物・食品の種類は、基本的に、他の認定輸出促進団体が対象とする農林水産物・食品の種類ではないこと。

⑶ 輸出促進業務の対象となる農林水産物・食品の種類について、農林水産物・食品輸出促進団体の構成員（構成員が団体の場合は、団体の構成員を含む。）の輸出額又は輸出量が、その農林水産物・食品の輸出額又は輸出量の相当程度を占めているなど、業界全体を代表しオールジャパンとしての取組を実施できる体制を有し、ジャパンブランドの確立・向上等、日本全体で取り組むメリットをいかして輸出促進業務を行うこと。

⑷ 輸出促進業務の実施に当たり、農林水産物・食品の生産から販売に至る一連の行程における事業者（農林水産物・食品の輸出のための取組を行う者）が構成員に含まれている、又は、一部の行程の事業者が構成員に含まれていない場合には、その行程の事業者の意見を聴く体制としていること。

⑸ 農林水産物・食品輸出促進団体が有する農林水産物・食品の輸出の拡大に向けた中期的な計画が、輸出促進業務の対象とする農林水産物・食品に関する輸出拡大実行戦略の内容を踏まえたものであること。

⑹ 輸出促進事業を実施するために必要な自己財源の確保に向けた方針を有していること。

⑺ 事業年度ごとに輸出促進業務の取組内容を主務大臣に報告する意思があること。

6　品目団体の欠格条項

輸出促進団体は、適正性を担保するため、次の欠格事項のいずれかに該当する場合は、認定を受けることができない（第44条）。

⑴ 法人でない者（第1号）

認定輸出促進団体は、我が国で生産された特定の農林水産物・食品全体の輸出促進に向けて市場調査や商談会の開催などの業務を行うことから、重要な役割を果たすものである。その認定に当たっては、法人格を有し、下記のような安定的な経営基盤を有していることが必要であり、法人格を有していない団体は認定しない。

① 資金力	② 経営力	③ 信頼性	④ 管理能力
財務状況が会員事業者と明確に区別され団体名義で資金調達できる	特定の構成員の経営状況などに左右されず継続的な組織運営が可能	団体名義での契約が容易であるなど対外的な信頼性が高い	ブランド確立に向けた商標などの策定や管理が可能

⑵ この法律により罰金以上の刑を受け1年を経過しないもの（第2号）

輸出促進団体として、輸出促進法に違反し罰金以上の刑を受けている場合、その法人又はその業務を行う役員がこの法律により罰金以上の刑を受け1年を経過しないものは対象外とした。

輸出促進法で同様に経過期間を欠格事由としている登録発行機関や登録認定機関との関係、また、輸出促進団体が罰金以上の刑を受けることになる報告の拒否・虚偽報告の違法性の程度を勘案し、経過期間は1年とした。

⑶ 認定輸出促進団体の認定を取り消され、1年を経過しない法人（第3号）

輸出促進団体として、認定輸出促進団体の認定を取り消された法人は、認定を受ける認定輸出促進団体としての適格性を欠くことから、対象外とした。経過期間は⑵と同様。

⑷ 認定を取り消され1年を経過しない役員のいる法人（第4号）

輸出促進団体として、認定輸出促進団体の認定を取り消された法人の役員は、認定を受ける認定輸出促進団体の役員としての適格性を欠くことから、認定輸出促進団体の認定の取消しの日前30日以内に役員であった者で1年を経過しないものが役員となっている法人を対象外とした。

7 変更の認定

認定輸出促進団体が認定を受ける際に提出した申請書の記載事項又は業務規程を変更しようとするときは、主務大臣に変更の認定を受けなければならない（第45条第1項）。

なお、主務省令で定める次の①～⑤の軽微な変更については、主務大臣への届出でよいこととした（第45条第2項）。

① 輸出促進団体の名称、住所、代表者の氏名の変更
② 輸出促進業務の運営体制に関する事項の変更
③ 輸出促進業務の運営に必要な資金の確保に関する事項の変更
④ 輸出促進団体の構成員に関する事項の変更
⑤ 次のイ・ロ以外の業務規程の変更
　イ　農林水産物・食品の生産から販売に至る一連の行程における事業者（農林水産物・食品の輸出のための取組を行うもの）との緊密な連携の確保の方法に関する事項の変更
　ロ　輸出促進業務の対象とする生産地等（農林水産物・食品が生産され、製造され、または加工される地域）の変更

8 廃止の届出

認定輸出促進団体は、取り扱う農林水産物・食品の輸出促進において重要な役割を担うことから、主務大臣は、認定輸出促進団体が輸出促進業務を廃止する場合には、あらかじめその旨を把握し、必要な対策を講ずることが求められる。

このため、認定輸出促進団体は、業務を廃止しようとするときは、主務省令で定めるところにより、あらかじめ、その旨を主務大臣に届け出ることとした（第46条）。

9　報告の徴収、改善命令、認定の取消し

認定輸出促進団体は、我が国の農林水産物・食品の輸出促進において重要な役割を担うとともに、食品等流通法などの特例の支援措置を講ずるものであることから、認定に基づいて行われる業務の適正な執行を担保する必要がある。

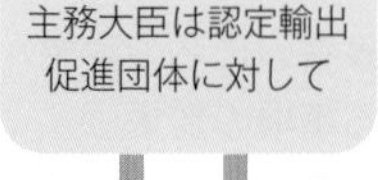

輸出促進業務の実施状況について報告を求めることができる（第57条第2項）

輸出促進業務の運営に関し改善が必要であると認めるときは、その改善に必要な措置を命ずることができる（第47条）

また、認定輸出促進団体が次のいずれかに該当するときは、その認定を取り消すことができる（第48条）。

第１号

品目団体の認定要件を欠くに至ったとき

第２号

品目団体の欠格条項のうち以下に該当

欠損条項(1)　法人でない者

欠損条項(2)　この法律により罰金以上の刑を受け１年を経過しないもの

欠損条項(4)　認定を取り消され１年を経過しない役員のいる法人

第３号

不正の手段により輸出促進業務を行う者の認定を受けたことが判明したとき

第４号

輸出促進業務の実施状況についての報告をせず、又は虚偽の報告をしたとき

第５号

この法律又はこの法律に基づく処分に違反したとき

10　認定の効果（詳細は後述）

① 中小企業信用保険法の特例について（第 49 条）
② 食品等流通法の特例について（第 50 条）
③ FAMIC による協力について（第 51 条）
④ JETRO の援助について（第 52 条）

11　その他

⑴ 国の責務（第 11 条関係）

現行法においては、国の努力義務として「事業者が行う農林水産物及び食品の輸出のための取組に必要となる情報の提供、指導、助言その他の援助を行うよう努めなければならない」旨が規定されていることを踏まえると、事業者が組織する輸出促進団体についても国が援助を行うことが適当である。

このため、国の努力義務に「農林水産物・食品輸出促進団体が行う農林水産物及び食品の輸出の促進のための取組に必要となる情報の提供、指導、助言その他の援助を行うよう努めなければならない」旨の規定を加えた（第 11 条第３項）。

⑵ 輸出本部による実行計画策定時の意見聴取（第 14 条関係）

改正前の輸出促進法においては、輸出本部が基本方針に即して農林水産物及び食品の輸出の促進に関する実行計画（以下「実行計画」）を策定しており、実行計画には輸出のための取組を行う事業者に対する支援の内容についても定めることとなっている。

認定輸出促進団体は、輸出事業者の輸出に係る意向などを十分に把握していることを踏まえ、輸出本部が実行計画を作成し、又は変更しようとするときには、あらかじめ、認定輸出促進団体の意見を聴かなければならない旨の規定を加えた（第 14 条第４項）。

⑶ 罰　則（第 66 条関係）

主務大臣による報告の徴収の規定による報告をせず、又は虚偽の報告をしたときは、その違反行為をした者は、30 万円以下の罰金に処することとした。

4-3 品目団体の法制化

中小企業信用保険法の特例

中小企業信用保険法

中小企業者に対する事業資金の融通を円滑にするため、中小企業者の債務の保証について保険を行う制度を確立し、もって中小企業の振興を図ることを目的としている。

1 これまでの制度

中小企業信用保険法では、中小企業者が金融機関から事業資金の借入れを行い、信用保証協会がその債務を保証する場合において、当該保証に係るリスクを国が負担する信用補完制度について規定している。

信用補完制度

国が100%出資する公庫が信用保証協会と保険契約を締結し、協会が保証した借入れが貸し倒れた際に事業者に代わって金融機関に債務の弁済を行い、その後、事業者から債務を回収できなかった場合に、保険契約に基づいて公庫が協会に対して保険金を支払う制度。

この制度により、信用力に乏しい中小企業者が、信用保証協会の信用保証を受けやすくし、金融機関から事業資金の円滑な借入れが行える環境整備が図られている。

2 改正の趣旨

輸出促進団体が行う業務については、輸出の可能性がある国・地域における市場調査や組織的なプロモーション等が想定されている。

こうした業務については、海外の商談会に出展する際に、確実に参加できるよう速やかに参加料を支払う必要がある。

➡会員の負担分も含めて輸出促進団体が一括で支払った後、出展の意向が確認された会員から必要な費用の徴収を行うなど、一時的に金融機関から資金の借入れが必要となることも想定される。

輸出促進団体は、主に営利を目的としていない一般社団法人等の形態を想定している。しかし、一般社団法人等は、①②の理由から輸出促進団体としてこれらの制度を活用することができない。

① 一般社団法人等は、公庫による中小企業者向けの制度資金対象となる「中小企業者」に含まれていない。

② 中小企業投資育成株式会社法に基づく中小企業投資育成会社による投資についても、一般社団法人等は剰余金や財産の分配ができないため投資を受けることが想定されない。

➜一般社団法人等の形態を想定している輸出促進団体が資金調達をする場合には、民間金融機関から借入れを行うこととなる。

中小企業信用保険法に基づく円滑化措置の対象となる「中小企業者」に一般社団法人等は含まれていないため、一般社団法人等が行う民間金融機関からの借入れ等に係る信用保証協会の債務保証については、公庫による保証保険の対象外となっている。

➜輸出促進団体が民間金融機関から資金調達を行う際には、担保力・信用力の脆弱さから融資を受けられず、事業実施に当たって障害となることが想定される。

一定の要件を満たす輸出促進団体については、中小企業信用保険法における中小企業者とみなし、公庫による保証保険の対象とする特例措置を設ける必要がある。

3　改正の内容

認定輸出促進団体のうち①②については、中小企業信用保険法第２条第１項の中小企業者とみなし、普通保険（同法第３条）及び無担保保険（同法第３条の２）の対象とする旨を規定した（第49条）。

①　**一般社団法人**
社員総会における議決権の２分の１以上を中小企業者が有しているもの。

②　**一般財団法人**
設立に際して拠出された財産の価額の２分の１以上が中小企業者により拠出されているもの。

また、債務保証の対象を「輸出促進業務の実施に必要な資金の借入れ」とするため、必要となる読替規定を置くこととした。

4-4 品目団体の法制化

食品等流通法の特例

1　これまでの制度

食品等流通法（食品等の流通の合理化及び取引の適正化に関する法律）では、食品等の流通の合理化を図るため、食品等流通合理化計画を農林水産大臣が認定し、認定を受けた者に対して、促進機構による債務保証等の支援措置を講じている（同法第16条及び第17条）。

なお、促進機構による債務保証は、既存の信用保証制度（農業信用保証保険、中小企業信用保険等）の対象とならない者も支援の対象となっている。

2　改正の趣旨

輸出促進団体が行う業務については、輸出可能性のある国・地域における市場調査や組織的なプロモーション等が想定されている。こうした業務については、例えば、海外の商談会に出展する際には、確実に参加できるよう速やかに参加料を支払う必要がある。

➜会員の負担分も含めて輸出促進団体が一括で支払った後、出展の意向が確認された会員から必要な費用の徴収を行うことも想定される。

一時的に金融機関からの借入れが必要に

輸出促進団体については主に営利を目的としていない一般社団法人等の形態を想定しており、これらの形態の法人については、下記から輸出促進団体はこれらの制度を活用することができない。

① 公庫による中小企業者向けの制度資金対象となる「中小企業者」に含まれていない。

② 中小企業投資育成株式会社法に基づく中小企業投資育成会社による投資についても、一般社団法人等は剰余金や財産の分配ができないため、投資を受けることが想定されない。

一般社団法人等の形態を想定している輸出促進団体が資金調達をする場合には、民間金融機関から借入れを行うこととなる。

➡既存の信用保証制度を活用できず、担保力・信用力の脆弱さから民間金融機関から融資を受けられないことが想定される。

① 中小企業信用保険制度の対象となる「中小企業者」に一般社団法人等は含まれていないため、一般社団法人等が行う借入れ等に係る信用保証協会の債務保証については公庫による保証保険の対象外。

② 農業信用保証保険制度の対象となるには農業の振興を目的とする一般社団法人等であって、農業者が議決権の過半などの要件を満たすことが必要だが、加工食品関係だけでなく農林水産物の団体についても生産、加工、流通、販売に関わる事業者が幅広く構成員となることを想定しているため、この要件を満たさない可能性が高い。

・促進機構は、輸出も含めた食品の幅広い流通の過程における合理化の取組を行う者への債務保証を実施しており、市場調査や組織的なプロモーションなどを行う輸出促進団体に対する債務保証の知見ももつ。

・促進機構は、債務保証と併せて、促進機構が持つ知見やノウハウを認定輸出促進団体に提供することで、団体の業務執行能力の向上等にも資する。

促進機構による認定輸出促進団体に対する債務保証措置を講ずることにより、輸出促進団体の資金調達の円滑化を図る必要がある。

3　改正の内容

促進機構は、食品等流通法第 17 条に規定する業務のほか、認定輸出促進団体（食品等を対象とするもの）が行う輸出促進業務にかかる以下の支援措置を講じることができることとした（第 50 条）。

① 輸出促進業務に必要な資金の借入れにかかる債務の保証

② 輸出促進業務に必要な資金のあっせん

③ ①②の業務に付帯する業務

FAMICによる協力

FAMIC（独立行政法人農林水産消費安全技術センター）

FAMIC法第3条の規定に基づき、農林水産物、飲食料品、油脂の品質及び表示に関する調査・分析、農林物資等の検査等を行うことにより、これらの物資の品質及び表示の適正化を図るとともに、肥料、農薬、飼料の検査等を行うことにより、これらの資材の品質の適正化及び安全性の確保を図ることを目的として設立された独立行政法人。

1　これまでの制度

FAMICは、農林水産物、飲食料品、油脂の品質及び表示の適正化に向けた業務として①～⑦を実施している、

① 農林水産物、飲食料品（酒類を除く）、油脂の品質及び表示に関する調査、分析並びに情報の提供（第10条第1項第1号）
② 農林水産物、飲食料、油脂の消費の改善に関する技術上の情報の収集、整理及び提供（第2号）
③ 日本農林規格又は飲食料品以外の農林物資の品質に関する表示の基準が定められた農林物資などの食品の検査（第3号）
④ 日本農林規格その他の農林水産分野における規格に関する認証又は試験等を行う者の技術的能力その他の試験等の適正な実施に必要な能力に関する評価・指導（第4号）
⑤ 農林物資及び食品（農林物資等）の品質管理及び表示に関する技術上の調査・指導（第5号）
⑥ 農林物資等の検査技術に関する調査、研究及び講習
⑦ ①～⑥の業務に附帯する業務（第11号）

また、肥料、農薬、飼料の検査等（第10条第1項第7号～第10号）の業務のほか、輸出促進法など他法令で定められた立入検査や質問等の業務を実施している（第2項各号）。

2 改正の趣旨

輸出促進団体は、輸出可能性のある国・地域における市場調査などの情報収集を行い、我が国から輸出する農林水産物・食品に係るニーズを把握した上で必要に応じ、こうしたニーズを満たす品質などが保証されていることを明らかにするための独自の規格の策定を業務として実施することができる。

➡海外のニーズについては調査の実施などにより把握することができるものの、規格化するに当たり、輸出先のバイヤーや消費者等から高い信頼を得ることができる規格策定の手法に関する知見を持っていない。

専門家の支援を仰ぐことでより短期間で、信頼性の高い規格の策定が可能となる。

品質や表示に関し専門的知見を有する独立行政法人であるFAMICの協力があれば、輸出促進団体が実施する規格の策定に関し専門家の派遣などが可能。

FAMICが輸出促進団体に対し協力を行うことができるよう、改正輸出促進法に規定を置くとともに、FAMIC法第10条にFAMICの業務を追加する必要がある。

3 改正の内容

FAMICは、認定輸出促進団体の依頼に応じて、認定輸出促進団体が実施する規格の策定に関し、専門家の派遣その他の必要な協力を行うことができることとした。

あわせて、FAMIC法において第10条第1項・第2項に掲げる業務の遂行に支障のない範囲内で、輸出促進法の規定による認定輸出促進団体への協力を行うことができる旨を規定した（第10条第3項）。

JETRO の援助

1　これまでの制度

JETRO（独立行政法人日本貿易振興機構）の業務としては、独立行政法人日本貿易振興機構法（平成 14 年法律第 172 号）において、①～⑥などが規定されている。

① 貿易に関する調査をし、その成果を普及すること（第 12 条第１号）
② わが国の産業及び商品の紹介・宣伝を行うこと（第２号）
③ 貿易取引のあっせんを行うこと（第３号）
④ 貿易に関する出版物の刊行及び頒布その他の貿易に関する広報を行うこと（第４号）
⑤ 博覧会、見本市その他これらに準ずるものを開催・参加し、又はその開催、参加のあっせんを行うこと（第５号）
⑥ ①～⑤の業務に附帯する業務を行うこと（第 10 号）

農林水産物・食品の輸出についても、輸出先国・地域での広告展開等のプロモーション、海外見本市や商談会の開催、事業者や業界団体などへの輸出先国・地域の消費者ニーズ、商慣行、規制等に関する情報提供などを実施している。

2　改正の趣旨

輸出促進団体が行うプロモーションは、特定の農林水産物・食品に対象を限って業務を行うことが想定されるが、複数品目をパッケージで売り出した方がより効果的になる場合もある。

➡ JETRO は海外に多くの事務所を持ち、幅広い品目を対象に商流構築支援やプロモーションなどを実施し、かつ、輸出促進団体の業務について専門的知見を持っている。

認定輸出促進団体が JETRO に対して協力要請できることを輸出促進法に位置付けることとした。

3　改正の内容

JETRO は、認定輸出促進団体の依頼に応じて、輸出促進業務の実施に必要な助言その他の援助を行うよう努めなければならない旨を規定した（第 52 条）。

5-1 独立行政法人農林水産消費安全技術センター法の改正

FAMIC 法の改正

1 これまでの制度

FAMIC（独立行政法人農林水産消費安全技術センター）は、農林水産物・飲食料品及び油脂の品質及び表示の適正化に向けた業務として、①～④などを実施している。

① 農林水産物、飲食料品（酒類を除く）及び油脂の品質及び表示に関する調査、分析並びに情報の提供（第10条第1項第1号）
② 農林水産物、飲食料及び油脂の消費の改善に関する技術上の情報の収集、整理及び提供（第2号）
③ 日本農林規格その他の農林水産分野での規格に関する認証又は試験等を行う者の技術的能力その他の試験等の適正な実施に必要な能力に関する評価・指導（第4号）
④ 輸出促進法に基づく登録認定機関に対する立入検査など他法令で定められた立入検査や質問等の業務（第2項各号）

2 改正の趣旨

改正輸出促進法において、新たにFAMICの業務として、認定輸出促進団体の依頼に応じ認定輸出促進団体が策定する規格の策定に関し専門家の派遣その他の必要な協力を行うことができる旨を規定することとした。

他方、独立行政法人の業務は個別の根拠法に規定することとされているため、FAMIC法を改正する必要がある。

3 改正の内容

① FAMIC法第10条第1項及び第2項に掲げる業務の遂行に支障のない範囲内で、認定輸出促進団体が実施する規格の策定に関し、FAMICの業務として必要な協力を行うことができることとした（第10条第3項）。
② 認定輸出促進団体から求められる協力業務は、第10条第1項・第2項の業務実施のために必要な品質や表示に関する知見や体制を活用して、業務の実施に支障のない範囲内で、任意で行うものである。
③ 改正輸出促進法により、新たに創設する登録発行機関等に対してもFAMICが立入検査等を行うこと、立入検査等を行う根拠規定が変更となることから、所要の規定の整備も併せて行った（第10条第2項第3号）。

6-1 JAS 法の改正

JAS 法の改正の概要

1　これまでの制度

輸出促進法の制定前から、JAS 法に基づく日本農林規格制度（JAS 制度）により、農林物資の品質、取扱方法等を定めた JAS 規格を国が作成し、その規格を事業者が活用することで、我が国産品の品質・技術に優位性があるという評価を広く定着させ、海外市場における競争力強化を図ってきた。

近年、海外市場からのニーズが高い有機農産物の分野において、２国間又は多国間の規格が同等の水準にあると認める同等性の承認に基づき外国の規格等を使用した国際取引が増加しており、日本においても、アメリカ・EU をはじめ、多数の国・地域との間で、JAS 規格と外国の規格との同等性交渉を実施している。

これにより、JAS 法に基づく認証を取得すれば、輸出先国・地域の認証を取得せずとも輸出先国・地域の市場において当該国・地域の制度に基づいた格付の表示を付することができることとなり、海外での取引の円滑化が図られてきた。

2　JAS 規格の対象への有機酒類の追加

⑴ 改正の趣旨

輸出拡大に向けては、特に、海外市場からのニーズが高い有機農産物などについての同等性交渉を更に進めていく必要がある。

➔アメリカ・EU などで関心が高く、市場拡大の可能性がある有機酒類について、法的に担保された第三者による認証の制度が存在しないため、同等性交渉が行えていなかった。

有機酒類について新たに第三者認証制度を設けるには、①～③などの理由により、酒類を所管する財務大臣だけでなく農林水産大臣を共管とする仕組みが必要。

① 原料にも範囲が及ぶため、規格の制定や事業者の監督に当たって、酒類の原料である農畜産物を所管する農林水産大臣も関与することが適当。

② 酒類の製造・流通工程は他の飲食料品と類似するため、他の飲食料品を所管する農林水産大臣の知見を活用することが合理的な規格の制定に役立つ。

③ 有機酒類と他の有機農産物加工品は、第三者認証制度にかかる業務の内容・態様が大きく異ならない。有機酒類も、これまでの JAS 制度の運用により蓄積された農林水産大臣の知見を活用すれば、統一的かつ効率的な業務を執行できる。

財務大臣と農林水産大臣を共管として、有機酒類を JAS 制度の対象として追加する必要がある。

⑵ 改正の内容

・農林物資の定義に酒類を追加

同等性交渉を加速化させるため、JAS 規格の対象となる農林物資の定義に酒類を追加した（第２条第１項）。

・主務大臣による権限の行使

現行法では JAS 規格にかかる規定は農林水産大臣が権限を行使することとされているが、所要の規定についてこれを主務大臣とし、酒類については農林水産大臣と財務大臣を主務大臣として定めた（第 75 条）。

・有機種類の表示

酒類の表示については、税収の確保及び酒類の表示の適正化を目的とし、酒税法（昭和 28 年法律第６号）及び酒税の保全及び酒類業組合等に関する法律（昭和 28 年法律第７号）による表示制度が存在することから、同等性交渉が行われる有機酒類に限定して、JAS 法において規格を定めることとした。

3 同等性交渉の推進のための認証制度の改善

⑴ 改正の趣旨

輸出拡大に向けて、以前の同等性交渉では規格・基準自体の同等性の確認が主であったが、近年の同等性交渉では、JAS 規格を表示できる事業者の認証を行う登録認証機関の仕組みや細かな運用等についても評価される事例が増加している。

➡同等性の承認を用いた輸出は次頁①②のような課題があり、同等性交渉の更なる推進のために改善が必要となっていた。

① 表示の信頼性

日本国内において同等性を利用して付される外国の制度に基づいた格付の表示（外国格付の表示）の取扱いについて、現行法では規定がない。

➡登録認証機関の認証を受けていない事業者であっても外国格付の表示を付して輸出することができるなど、外国格付の表示を付する事業者の管理ができず、表示の信頼性が担保できていない。

② 外国の登録認証機関との情報断絶

同等性を承認した外国の政府機関の中には、登録認証機関を限定して同等性を活用した輸出を認めるものもある。

➡EU は、EU が認めた登録認証機関から認証を受けた事業者の信頼性担保のため、その事業者が別の登録認証機関から受けた類似の認証の履行状況等についても、EU への輸出に係る認証を行う登録認証機関が確認することを求めている。

同等性を活用した輸出が増加している中で、製造国が日本と表示され、不適切な外国格付の表示が付された製品の摘発が海外で頻発した場合には、相手国・地域からの信頼性を失うとともに、今後の同等性交渉の障害ともなる。

また、登録認証機関には秘密保持義務が存在し（JAS 法第 28 条）、相互の情報共有の仕組みがないため対応できない。

⑵ 改正の内容

① 格付の表示

同等性の承認に関する定義規定を追加した上で（第２条）、我が国が同等性の承認を得た外国の格付の制度による格付の表示について、登録認証機関の認証を受けた事業者が当該外国格付の表示ができる旨の規定を新設した（第 12 条の２）。それ以外の者による表示は禁止した（第 37 条第１項）。

② 他の登録認証機関への情報提供

登録認証機関は、登録認証機関が認証に関する業務を円滑に行うために他の登録認証機関から情報提供を受けることが必要な情報として省令で定めるものについて、他の登録認証機関から提供の依頼があったときは、その情報を提供しなければならないこととした（第 19 条第４項）。

4 官民一体となった同等性交渉の推進

⑴ 改正の趣旨

同等性交渉については、利害関係者の意見も踏まえて重点的に交渉を行う品目、国・地域等を決定し、輸出促進のための他の施策との調和を図りつつ、関係省庁が連携して戦略的に行うことが輸出拡大に資することとなる。

➡同等性交渉の重要性が増している一方で、現行法ではその位置付けがない。

国として利害関係者の意見も踏まえて交渉を進める責務を明確にした上で、同等性交渉に関する方針を定めて強力かつ重点的にその取組を進めることが必要となっていた。

同等性交渉に当たっては、日本の規格・基準が公的または民間ベースの国際的な基準（CODEX、ISO 等）となることが有利となる。

➡ JAS 規格の国際標準化に向けて、研究機関による試験分析方法の開発、規格化や、規格開発を行った民間事業者による国際機関や他国の民間事業者等への働きかけ等も含めた官民を挙げた取組を進めていくことが必要。

現行の JAS 法においては同時性交渉に関する取組について明示的に規定されておらず、国際標準化の機運が醸成されていなかった。

⑵ 改正の内容

① 国による同等性交渉の推進

国の責務として、認定輸出促進団体が農林物資の種類及び外国を指定して同等性交渉を行うよう申し出た場合は、交渉その他必要な措置を講ずるよう努めなければならないことを規定した（第 72 条第１項）。

② JAS 規格の国際標準化推進

国、研究機関、事業者等は JAS 規格が国際標準となるよう努める旨などの責務規定を追加した（第 72 条第２項～第４項）。

農林水産物・食品の輸出に関する問い合わせ先

農林水産物・食品の輸出促進対策

輸出全体：https://www.maff.go.jp/j/yusyutu_kokusai/index.html

●農林水産物・食品輸出本部

https://www.maff.go.jp/j/shokusan/hq/index-1.html

●各種証明書・施設認定

https://www.maff.go.jp/j/shokusan/hq/i-4/yusyutu_shinsei.html

●放射性物質に係る規制・対応

https://www.maff.go.jp/j/export/e_info/hukushima_kakukokukensa.html

GFP 農林水産物・食品輸出プロジェクト

・輸出をしたいけど、どうしたらいいかわからない！

・ビジネスパートナーを探したい！

・輸出に関わる情報を効率よく入手したい！

https://www. https://www.gfp1.maff.go.jp/

参加を希望する場合は、まずメンバー登録を。

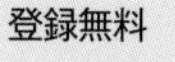

【一元的な相談窓口の連絡先】

農林水産省　輸出・国際局　輸出支援課（輸出相談窓口）

☎ 03-6744-7185

※平日 10 ～ 12 時、13 ～ 17 時、祝祭日・年末年始を除く

農林水産物・食品 輸出支援プラットフォーム

https://www.jetro.go.jp/agriportal/platform/

現地発のカントリーレポートや、プラットホーム設置国・地域の各相談窓口連絡先など、農林水産物・食品の輸出に関する情報を掲載。

著者の略歴

伊藤 優志（いとう まさし）
農林水産省　輸出・国際局輸出企画課長
1995 年慶応大学法学部卒業。同年農林水産省入省。林野庁、（財）2005 年日本国際博覧会協会、農林水産省総合食料局・大臣官房、外務省在中国日本国大使館参事官等を経て、19 年農林水産省大臣官房参事官、20 年食料産業局輸出先国規制対策課長。21 年より現職。

難波 良多（なんば りょうた）
農林水産省　輸出・国際局輸出支援課輸出環境整備室長
2002 年東京大学法学部卒業。同年農林水産省入省。水産庁、長野県松川町、農村振興局、内閣府食品安全委員会事務局、秋田県、生産局、食料産業局等で勤務。その後、農村振興局都市農村交流課都市農業室長、食料産業局輸出先国規制対策課戦略室長を経て、21 年より現職。

原田 誠也（はらだ まさや）
元農林水産省輸出・国際局輸出企画課総括係
2019 年早稲田大学政治経済学部卒業。同年農林水産省入省。生産局、食料産業局で勤務。その後、輸出・国際局輸出制度検討チーム係員、同局輸出企画課総括係を経て、2023 年３月に退職。４月より株式会社日本総合研究所社員。

日本産品を世界へ！
よくわかる食品輸出

定価2,750円（本体2,500円+税10%）

2023年6月12日　初版発行

著者名　伊藤　優志、難波　良多、原田　誠也
発行人　杉田　尚
発行所　株式会社日本食糧新聞社
編集　〒101-0051　東京都千代田区神田神保町2-5 北沢ビル
電話03-3288-2177　FAX03-5210-7718
販売　〒104-0032　東京都中央区八丁堀2-14-4ヤブ原ビル
電話03-3537-1311　FAX03-3537-1071

印刷所　株式会社日本出版制作センター
〒101-0051　東京都千代田区神田神保町2-5 北沢ビル
電話03-3234-6901　FAX03-5210-7718

ISBN978-4-88927-287-1 C2061